[瑞士] 沃尔夫冈·费勒 著

张鸣镝 译

日本茶室与空间美学

广西师范大学出版社

· 桂林 ·

Das Japanische Teehaus by Wolfgang Fehrer.

© Niggli, Imprint of Braun Publishing AG, Salenstein

ISBN 978-3-7212-0519-0

The simplified Chinese translation rights arranged
through Rightol Media（本书中文简体版权经由锐拓传媒取
得 Email:copyright@rightol.com）

著作权合同登记号桂图登字：20-2019-112 号

图书在版编目（CIP）数据

日本茶室与空间美学 /（瑞士）沃尔夫冈·费勒著；
张鸣镝译 . —桂林：广西师范大学出版社，2019.7
（2021.3 重印）

ISBN 978-7-5598-1628-3

Ⅰ . ①日… Ⅱ . ①沃… ②张… Ⅲ . ①室内装饰
设计－日本 Ⅳ . ① TU238.2

中国版本图书馆 CIP 数据核字 (2019) 第 032765 号

责任编辑：肖　莉

助理编辑：马竹音

版式设计：六　元

广西师范大学出版社出版发行

（广西桂林市五里店路 9 号　　邮政编码：541004

网址：http://www.bbtpress.com ）

出版人：黄轩庄

全国新华书店经销

销售热线：021-65200318　021-31260822-898

恒美印务（广州）有限公司印刷

（广州市南沙区环市大道南路 334 号　邮政编码：511458）

开本：889 mm × 1 194 mm　　1/16

印张：14.5　　　　　　　字数：230 千字

2019 年 7 月第 1 版　　　2021 年 3 月第 2 次印刷

定价：168.00 元

"从千利休所在的那个时代起，茶道不仅主导了整个茶文化的历史，而且通过对日本精细文化结构的渗透，对日本人道德审美敏感性及其行为标准中一些重要特征的形成产生了显著影响，这种影响一直延伸到了日常的生活中。"

——堀口

目录

"正如我们所言，数寄屋只是一个简易的小屋，像草屋那样。它原本字面的意思是充满想象的地方。后来，不同的茶师又根据他们对茶室的不同理解，赋予了数寄屋不同的象征，使它也能表达空旷的场所，或者是不对称的场所的意思。它之所以是个充满想象的场所，是因为它旨在建立一个具有诗意的临时家园，它也是一个空旷的场所，因为除了少数为满足视觉审美需要的装饰，它没有任何多余的装饰品。它同样是个不对称的场所，因为它保持着对不完美的崇敬，意图使一些事物变得不完美。"

——冈仓天心《茶之书》

中国和中东地区的茶室是向公众开放的，这与西方的咖啡馆类似，而与之不同的是，日本茶室具有私人性质，只有受到邀请前来参加茶会的人才有资格进入这座坐落在整块地产后方和主屋旁的建筑。茶室是日本举行茶道①仪式的地方，也是人们进行冥想的地方。在这里，主人可以以茶为媒介与客人交流。茶道来源于中国极为精致的饮茶习惯，与禅宗哲学的某些方面相结合，形成了一种独特的艺术形式。它超越了根据一定规则烹茶和用茶的艺术，涵盖了与之相关的所有元素，日常事物、用具，尤其是茶屋和露地。在此过程中，不同的艺术，如建筑、园林设计、花道、书法和陶艺融合成了一个新的整体。

在漫长的历史进程中，人们在各种各样的空间里都践行着饮茶的礼仪和仪式，从具有统治地位的幕府将军和富裕的武士宅邸中华丽、大气的书院式接待场所，到参照隐士的山间寒舍所建造的简易草庵式小屋，这些建筑的结构变化多样。经过多次改造，草庵式茶室最终成了最适合于茶道的建筑形式。16世纪，茶师武野绍鸥建造了第一座传统茶室②，并由他的学生千利休进行改良。这是一个四叠半的空间，建筑面积约为8平方米：通常情况下，这个空间能容纳不超过5个人。由于其外观十分朴素，使人乍一看觉得没有任何东西可以体现出建筑的复杂性，但实际上它正处在一个日本哲学、艺术和美学等不同潮流的交会点。尽管空间面积小，使用的材料简单，但每一个细节都历经了几个世纪的发展，是茶师们在艺术方面付出很多努力的结果。

1. 在客人们到来之前，茶师会给露地浇水

① 茶道的原意是"泡茶的热水"。

② 我们通常认为，如果一位茶师想要建造一间屋子，他是不会亲自动手的。因此，随着时间的推移，建筑工匠们反倒能掌握越来越多有关茶室建造细节的专业知识。

2

在大部分时间里，茶室都是空的，只有在进行茶道仪式时，茶具和装饰品才会被放在房间里。白天茶室里的光线相对柔和，宽敞的屋子，窗户上覆着的障子和竹帘使得光线几乎不能进入室内，从而营造出一种神秘的氛围。也可以通过打开或者关上障子和竹帘来改变室内光照，配合插花和挂轴作为装饰，以适应当天或当季茶室的环境、客人的组成以及主人的心情。茶室里的一切都展现出了一定程度上的传统气息。建筑和茶具设计中的不对称性以及表面的不完美，带来了一些短暂而不稳定的联想。然而，你永远不会在茶室里找到一粒灰尘，因为主人会在客人到来之前仔细打扫所有地方，况且茶室的准备也是茶道中不可或缺的一部分。

尽管日本住宅中的房间有着各式各样的用途，可以被灵活自由地安排，但茶室却是有特定用途的。整体氛围和个体元素如蹦口、榻榻米、地炉和壁龛的位置决定了每位访客在品尝茶道过程中必须遵循的移动顺序。特别是不到四叠半的小茶室，除了举行茶道仪式之外，几乎无法用作他途。有的茶室大小不超过一叠半，建筑面积不到 3 平方米，这些茶室将空间限定在最小的限度，目的是尽可能创造一种密闭的空间，这将有助于注意力的集中，同时也可以使其保持灵性。茶道是一种充满生气的艺术形式，世界各地无数的追随者都在实践着。尽管它的成本很高，但今天仍然有许多茶室，而且茶室的设计对于日本建筑师和设计师来说也是一项重大挑战。

茶道的过程

人们应该意识到

茶道就是

烧开水

煮好茶

然后喝下

——千利休《利休百首》

茶道早在供茶之前就开始了，而茶则是到仪式快结束时才煮的。烹茶是整个漫长过程的高潮部分，但这个过程只能缓慢地展开。从第一位客人走进露地开始，一个完整的仪式要持续 4 个小时之久。当客人被邀请参加茶会时，他们会发现房子前面的区域被水洒湿，通往露地的门也已经打开。最后一位客人关上大门，参加茶会的客人们会在等候室中聚集。在等候室里，他们脱下外衣，穿上足袋。碰上雨天或雪天，茶室会为客人准备好草屐和木屐，这些都是为了

2.烹煮浓茶，水野年方（1866—1903）
木刻版画系列之13，茶道过程中的场景

3

4

不让客人携带装饰品和香料而设计的。此外，客人们不应该穿过于显眼的衣服，这会导致茶道过程中注意力的分散。由于在茶室里，时间与外界是相隔离的，因此也不允许客人们佩戴手表，故而大家在茶会的过程中是不知道时间的。

所有的客人聚集在一起，到带有屋顶的等候椅处休息。在短暂的沉思后，客人能听到主人把水倒入茶室附近水池里的声音。随后，主人会来到众人面前，深鞠一躬致意，而客人们也会起身回以一躬。这个过程中他们不说一词，一切都在沉默中进行着。接着主人去往茶室，不久后，客人们也排成一排，陆续穿过外露地，由"正客"带队。这位"正客"是按主人的邀请来确定的，或者由客人在等候室内商议决定。他必须是一位茶文化专家，因为他在各处都被许有先行权，并且他会与主人进行高度仪式化的交流。待"正客"到达门口，打开大门进入内露地，从这里第一眼可以看到茶室一角。这条小路沿着踏脚石穿过一个盛满水的低矮蹲踞，蹲踞上放着竹舀。客人们一个接一个地蹲在蹲踞前，打水、洗手、漱口，这和进入神社前的仪式是一致的，接下来他们才能进入茶室。第一位客人走到入口前的高石处，弯腰打开躏口，这个入口很小，客人们只能曲身以跪着的姿势爬入。在进入之前，他们需要脱下鞋子，并将鞋子靠在茶室的墙上。

客人们一个接一个曲身进入茶室。壁龛里挂着挂轴，要么是水墨画，要么是一位著名禅师的书法作品，每位客人都会在鞠躬示意后默默欣赏。在另一个角落里矗立着一个金属或陶瓷的风炉，主人巧妙地在其中加入木炭。风炉上方放着煮水壶。这样的布置在入座前已经考虑到了每一位客人。"正客"坐在最靠近壁龛的位置，据此再决定其他客人的座位安排，最后一位客人将躏口关上。对于主人来说，关门声是所有客人已经全部集聚的标志。不久后，他会从隔壁的准备室走进茶室，在客人面前深鞠一躬。在仪式的第一部分，主人会提供清淡的怀石料理①，这些菜都是精挑细选，经过多道工序才被端上餐桌的，品质精良，此外还佐以清酒。当仪式第一部分结束时，主人还会提供和果子。由于客人在用餐过程中保持正坐的姿势已经有很长时间，为了能在饭后让双腿得到休息，他们从茶室走回等待室。在那里他们通常会进行一场短暂的谈话，之后会响起五声锣声，这标志着休息的结束②以及仪式下一阶段——烹煮浓茶的开始。客人按照和开始时相同的顺序进入茶室。在休息的间歇，主人

5

3. 去往茶室的路上。图为表千家茶道流派的中门
4. 配合薄茶的和果子
5. 在进入茶室之前，客人要先脱掉鞋子

---

① 怀石是一种温暖的石头，佛教寺院中的僧侣会把它放在肚子上，以缓解冥想时的饥饿感。
② 在间歇中起身。

6

已经重新对这里进行了布置：在仪式的倒数第二部分，主人会取下挂着的挂轴，代以简单的插花作为壁龛内的装饰。水壶里的水开始沸腾，在安静的环境中，可以听到轻微的嘶嘶声，这种声音有一个非常诗意的名字，叫作松风。在风炉旁边放着一个盛有新鲜的水的容器，它的前面是一个陶瓷罐，里面装有茶粉，粉末被装在一个丝绸做的小口袋里。主人将茶具拿进房间里，包括一只茶碗，里面装着用来打的茶筅，还有一块白色的亚麻布、竹茶匙、水方和一个竹舀。这个竹舀与露地里的十分相似。主人坐在风炉前整理茶具，准备开始烹茶，他的每一个动作都很安静，并保持着高度集中。茶道的各个步骤都按照指定的操作顺序进行着，主人打开放有茶叶的小罐，从自己和服的腰带上取下一块小方绸巾，带有仪式感地擦拭茶叶罐和竹茶匙，然后用温水沾湿茶筅，检查竹纤维是否完好，再用热水将茶碗加热，同样进行仪式性的清洗。当所有茶具拿进茶室时，已经很干净了，但主人会在客人面前再清洗一次，这象征着精神和心灵的净化，也象征着所有属于外界的想法都已经被冲刷隔离。用竹茶匙取出茶粉放入茶碗中，倒入热水，以茶筅搅拌至黏稠。把小方绸巾折叠起来，拿起竹舀，打开茶叶罐，敲击茶匙，每个动作都要遵循传统规定的形式，但不同的茶道流派对这些动作细节的规定有所不同。

7

喝浓茶的茶碗只有一个，每位客人在吃了和果子并向主人以及坐在旁边的客人鞠躬后，方可饮几口浓茶。喝完后，每个人都要取一张纸擦去自己留在茶碗上的痕迹，然后递给下一位客人。在此过程中，客人会纷纷称赞茶的品质与茶碗的精致。当所有人都喝过后，茶碗被递回到主人手中，主人会再次清洗所有的茶具。然后第一位客人会要求检查茶具，他会仔细查看每件用具，而主人和客人之间则在此时展开关于茶具来历、名称及其年限的谈话。此后程序将继续进行。主人会再提供一份和果子，但与喝浓茶时提供的有所不同。然后他开始着手准备薄茶，主人会使用另一个漆制茶罐以及另一种茶。茶会被加入多泡沫的液体中，每位客人都会有一个碗。仪式的这一部分相比较喝浓茶时，步骤要简单些，因为薄茶是作为客人们离开前的茶点。在喝完茶并观赏完茶具后，主人与客人们互相问候，随后，客人们离开茶室，穿过露地回到等候室，在那里，他们会进行最后的鞠躬致意，然后互相道别。

6. 在茶道仪式中，手上的每一个动作都需要高度集中

7. 每跨过一道门槛，都会让客人离茶室的宁静和专注更近一些

这里描述的茶道形式与里千家茶道流派正午茶道仪式的形式相对应。由于茶道的程序会随着场合、时间、季节而变化，因此存在各种各样的形式。

8

"享受美丽的住处和可口的食物是本能而世俗的追求，而我只
是希望我们的屋顶不会在下雨时漏雨。"

——千利休

空无、灵动与隔断的概念

日本虽然受到中国和韩国很大影响，但它仍然形成了完全独立
的文化传统。它的音乐、文学、绘画、表演艺术、烹调技术以及茶道
在其自身长达几个世纪几乎完全封闭的情况下，不受外界的影响发展
了起来。日本文化的这种独特性不仅体现在建筑中，也体现在空间感
知和塑造的形式上。茶室是日本人特殊空间感的一种表现形式，在西
方很少有类似于茶道的仪式，人们也很难找到与日本茶室内部相同的
空间。就像日本的水墨画开始只存在于黑色笔触间的空白区域一样，
日本的空间也是在建筑的建设性元素所限制的区域里形成的。日本的
空间首先被认为是一个"空的区域"，具有人类活动发展的潜在可能
性。正如日本的整体思维不同于西方的理性科学思维一般，空间的概
念也是不同的。在西方，空间被定义为经过客观测量、形状和大小确
定的静态实体，而日本的空间则与生活经验息息相关——它并没有抽
象的概念，而是要在活动中运用五种感官去感知。整个身体、情感、
直觉和记忆在这个过程中都发挥着决定性的作用，因此，日本的空间
总是和人联系在一起，它是相对的、动态的、与情境相联系的。

在日语中描述空间的词语是"kukan"，它诠释了日本空间思维
的重要概念："ku"指的是天地之间的空白区域，而"kan"也可读
作"ma"，即隔断。"ku"的概念表达的是一个深深植根于亚洲思
维方式的古老哲学体系。早在公元前6世纪，中国的哲学家和道教创
始人老子便提出了虚无的概念，认为这是日常生活中最重要的先决条
件和特征之一。在他的著作《道德经》中提到："三十辐共一毂，当
其无，有车之用。埏埴以为器，当其无，有器之用。凿户牖以为室，
当其无，有室之用。故有之以为利，无之以为用。"空间的虚无性比
牢固性和稳定性更重要，因为一个空间实际上不在于它周围的区域，
也不在于它的地板、屋顶或墙壁，而是在于其虚无的本身。然而不管
其他方面如何，虚无都不是独自存在的，因为建筑结构和虚无的空间
是相互依存的。这种虚无的概念对佛教的观点产生了很大的影响。

在佛教的哲学中，"ma"一词被认为是"什么都没有"的意思。
自6世纪起，佛教开始在日本传播，虚无的概念进入到日本的本土

8. 一根草绳把一个特殊的空间与周围环境分
隔开来——京都贺茂御祖神社

龍安寺
方丈
林泉

9

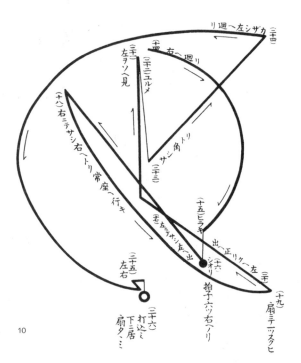

10

思想之中，直到今天仍是人们精神生活的核心部分。从美学的角度来看，它与空白空间和表面美感的敏感性相对应，这一点在日本不同的艺术形式中都非常重要。禅宗大师将其称为"非画之画"，这意味着形式与虚无的平衡，也是日本许多艺术作品的特点，它被应用于水墨画和书法的白色区域，也被应用于枯山水中贫瘠的砾石区域。这种观念在建筑中体现在茶室里，"一座象征性建筑，其中没有任何东西，或者准确来说，没有任何象征性的东西。"佛教的《心经》中讲道："色即是空，空即是色。"①这一观点赋予了建筑表达和空间更多的含义。

在佛教的世界观中，事物在本质上不仅仅是虚无的，也是短暂的。佛陀教导人们，受苦是因为处于无知之中，并去追求并不长久的东西。根据佛教的观点，没有什么可以解除这种无常性，因为万物都植根在流动的、不断变化的现实中。而接下来的思想是日本空间概念的另一个本质特征：空间并不是一个固化的存在，而是连续的统一体，受到动态变化和持续更替的影响。这一方面也体现在"kukan"一词中：字符"kan"或"ma"②表示间隔，在空间和时间上都是如此③。在日本人的理解中，空间和时间并不是独立存在的，而是要克服这种二元性，将其合为一个概念。因此，每一种空间体验都必然是与时间相关的，就像任何时间体验都是空间结构化的过程一样。早期的神道教尚且没有神圣的建筑，提供给神灵的区域只有四根支柱，里面有一根简单的草绳作为标记。人们相信，神会降临到这些空无的地方，并带给他们精神力量。在这里，空间也是在其中进行的表象与过程的代名词，因此，它总被认为是与短暂现象相关联的。这一概念在能剧中表现得尤为鲜明：在能剧中，有一个词是"senuhi-ma"，"ma"在这里表示演员每一个动作之间的时间间隔。这里的间隔表示在间歇时不进行任何表演活动，但所有的一切都发生了。

在书法、绘画和茶道艺术中，"ma"也存在着极大的想象空间，这个空间内没有什么客观的事物，但必须通过自己的思想赋予其生命。过去用来描述建筑设计的词汇，同样带有"ma"的概念，比如"madori"。从字面意义上来说，"madori"的意思是抓住空间，为了扩大空间、重构空间连接而进行所有临时性的改变，如根据具

9. 木刻版画《都林泉名胜图会》（京都著名园林的图文指南）中显示，在京都龙安寺著名的枯山水园林中，大部分区域都是空的

10. 能剧活动手册中表演者移动和手势的说明

---

① 《心经》里中心句的意思是："幻亦空，空亦幻；象亦空，空亦象。"
② 在日本没有原书书写系统的情况下，公元5世纪起开始采用中国的文字。然而，日语和中文的语言结构有很大的差别，因此除了音读之外，每个文字也有着相应的日语解释。
③ 该意义覆盖了两个领域，在《岩波词典》的古老术语中，"ma"被描述为"两或两个以上连续排列的事物间的物理距离"或"两件或两件以上连续发生的事件间的时间间隔"。

11

体用途更换家具或者拆卸移门。然而，如今"madori"一词正在逐渐被"design（设计）"一词衍生出来的外来词汇"dizain"所取代。

"奥"的概念

日本从弥生时代起开始种植水稻，这对日本居民来说是一个转折点，这种种植技术的采用使居民的定居点从山区转移到了平原。在这样的背景下，日本被分成了两个部分，分别是留给人的区域和留给神的区域。茂密的森林、大陆附近的小岛和迷雾蒙蒙的山区成了远离人类日常活动的地方，禁止出入的神圣区域被尊称为神的所在地。而居民们定居点的组织也具有一定的规则：这些村庄经常是沿着一条参照线坐落在山上，在这里可以俯瞰周围的稻田。于是就出现了一条具有宗教性质的轴线——从村庄到山脚下的神社，再到隐蔽的山区。直到今天仍然可以在日本全国各地找到这种定居模式。

根据建筑学家桢文彦的观点，由于这些圣地的位置都十分偏远，通常无人到访，因此"奥"的空间概念也得到了发展。它描述了一个隐藏的中心，或者说是空间形成最深处，在深处和隐蔽中寻找一定的象征性，并沿着水平方向展开。"奥"是一个难以定义的概念，因为很难用具体的现象去表达它。然而，与西方空间组织原则的对比将有助于对它的理解：如果说在日本，崇拜的对象在偏远的山岭深处，那么在西方，"山顶"则在城市中得到再现。在西方的住宅区中，教堂是中心，而在教堂中，塔楼又是中心所在，整个城市环绕在它的周围，与自然中的混乱隔绝开。但在日本，相比较一个看得见的中心，人们会选择寻找一个看不见的中心。在"奥"的概念里，作为空间中最深、最隐蔽的区域，即由多层外部空间包围的区域，于不知不觉间形成了一个中心。这种包围是一个完全不同的过程，它是西方文化领域中区域和对象的实际划分。作为一个相对被动而并非主动的原理，它适应于被包围起来的对象，并根据包围对象的性质展现出广泛的变化形式。

在这样的背景下还存在着一个事实，即没有一种文化能像日本那样创造出一系列如此美丽、实用和多样的包围形式。在茶室和露地的关系中，实现这种空间结构的方式堪称典范：隐匿在露地深处的茶室，客人们往往到最后一刻才能感知到它的存在，这展示出了其空间结构"无形"的核心特点，它被内露地和外露地层层包围着，从某种意义上来说是"裹"了起来。茶室展现了"奥"的另一个方面，因为它不仅可以用来描述空间的轮廓，还可以作为抽象而深奥的概念表达出心理的深度。茶室内部的景致不仅给人带来了眼前印象深刻的感官体验，也塑造了人们内心世界中的风景。

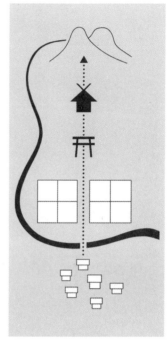

12

11. 京都南部山区里的圣地
12. 宗教性的轴线从村庄穿过稻田，延伸至神社，再到偏远的山区

13

13. 在京都光悦寺中，一道栅栏把日常生活的
    区域与茶室分隔开
14. 从露地中的茶室内看到的景致

　　根据"奥"的概念进一步引申出了日本建筑空间观念：通道等始终影响着当地的建筑，这可以追溯到这个国家很久以前的传统。在神道教储存圣物的神社建筑中，内部空间并不具有决定性意义，因为这对于普通人来说是禁忌，除了少数被选中的人之外，任何人都不允许进入其中。更确切地说，这些建筑展现了很多象征性的事物，而那些偏远的地方，人们可以接近，但永远无法到达，也无法进入。关于这一点，桢文彦和波同德·伯格纳[①]将"奥"的理论解释为向着零接近。日本建筑很少被设计成从远处看是一个整体的结构，在大多数情况下，它们都处于时空顺序的末端，这使得人们只能一步一步慢慢地去感知建筑物。神社和寺庙通常建在树林深处，而通往那里的道路也较为偏远和崎岖。正如只有通过艰难困苦之路才能靠近光明一样，接近圣地的过程也很缓慢，只有一步一步经历展开的过程才能实现。在时间这个参数下，有意识地进行空间体验不仅是通往特定目标的道路，也是日本空间概念最重要的组成部分之一。日本作为岛国的属性及其高密度的聚居点，同样也促进了空间意识的发展。面对有限的个人空间感，自古以来，人们被迫主动地去拓宽边界，发展概念，即使是在狭窄的空间里也能解决空间的限制。一个矛盾的美学传统就是在一个极度压缩的空间里完成无限地扩展，而这一刻代表着永恒。

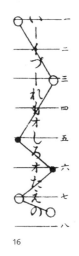

16

　　作为一种"拉伸"有限空间的有效手段，设计已经减慢了通过指定距离的速度，以延长在通道中经历的时间。在冈特·尼兹克《时间就是金钱，空间就是金钱》（Time is money, space is money）一文中仔细描述了两个不同时代建筑物的通道：17 世纪的京都诗仙堂和安藤忠雄所设计的神户六甲山教堂（风之教堂）的入口都使用了极为相似的方法来影响通过的时间，从而进一步影响主观的空间感："两者的入口处都是将人们引向宁静与沉思的通道，这些被认为神圣而不可接触的场所承载着真正的宁静，从而产生洞察的效果。"

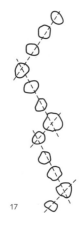

17

　　抽象且自然的门槛、几个阶段的仪式性清洁、光与影的游戏、渐进的方法与曲折的道路，这些概念也直接地体现在露地之间。而在园林设计中，则采用了一种特殊的技术——"隐趣"[②]，没有任何的视野轴线，道路一曲多折，以这种方式划分出一系列的空间序列，模糊了整体的视野，使空间只能在行动的过程中被感知。这可能与中国的观念有一定的相通之处，因此在中国也有影壁和"之"字形

15. 茶室隐匿在露地里，只有在最后一刻才会展现在来访者的面前
16. 能剧表演者的移动模式
17. 踏脚石的排列让人想起了能剧表演者的移动模式（见图16）

①桢文彦，日本建筑师；波同德·伯格纳，美国伊利诺伊大学香槟分校建筑学院教授。
②隐藏与揭露。

18

在露地中，另一项原则也发挥着重要的作用，穿过露地的小路象征着净化的过程。接近茶室时，会经过多个阶段，跨过多道门槛，在此过程中也会对身体和心灵进行多个阶段的净化。而这个过程不仅仅涉及视觉的感知，整个人都会参与其中。

不均匀性及其象征意义

根据米尔恰·伊利亚德（Mircea Eliade）的理论，对于信教的人来说，空间是不均匀的，圣人会出现在不同的地方，从而在杂乱的生活区域留下线索、定位和参照点。因此要为信徒创造与外在环境差别不大的、具有特殊品质和特殊密度的场所。这些场所在早期的日本被认为是一些深山、河流和树林等地，也有人认为石头和树木是神所居住的地方，这些场所取代了人们日常生活的世俗环境。最不易进入的地区是那些被认为具有最强灵性的地方。在日本的"奥"概念中，这种特殊的"空间质量"（即空间分裂成不同意义的单位，空间内的某些地方占据有突出的地位）保持了几个世纪。根据佛教的宇宙哲学，宇宙是没有起点和终点的，日本建筑及其附加空间的发展本身并没有什么顶峰。与西方不同的是，日本房屋内的空间并不是轴向排列，房间里几乎没有任何家具可以确定方向和重心。此外，从没有意义的空间到日本高级建筑，它们的序列形成几乎是完全未知的。罗兰·巴特（Roland Barthes）描述日本的空间时，在《符号帝国》一书中谈道："这里并没有放置家具的地方……在这条走廊里，就像在典型的日本房子里一样，没有家具（或者仅有少量的家具），甚至没有可以放置财物的地方，无论是沙发、床还是桌子，都不能被当作空间的主体，中心是没有必要存在的（在西方人的观念里，作为屋子的主人，空间里应当摆放着他的床、沙发，而在日本的空间里却没有摆放家具，这对于西方人来说，是多么失望的一件事啊）。

但是为了满足个体空间精神中心的需求，有必要进一步丰富壁龛[①]。通常在放置装饰品的壁龛中只挂有画轴，或摆有花束，然而在特殊的场合，它会成为一个神圣的地方 [例如，在新年那天，把捣碎的大米做成球状（麻糬）放在壁龛里，作为神灵进入屋子时可享用的食物]。同时，功能、精神和审美的理念，空间组织和建设性的细节，都赋予了壁龛在房屋结构中特殊的地位。柱的设计特别值得注意。柱子在日本的建筑中一直都非常重要，它超越了其他文化

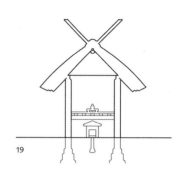

19

18. 草绳标记着具有特殊象征意义的地方
19. 埋在地下的柱子穿过伊势神宫的内宫

20

中所具有的象征意义（建筑是权力或意志的标志）：在神道教中，树木被认为是降神的地方，而柱子则被认为是神的所在地，因此，在许多神社建筑中，柱子在山墙处运用得尤其多。很明显，这些柱子支撑起了脊梁，是建筑中的基本支柱。在最高的神社圣殿——伊势神宫中，这些柱子不仅是支撑柱，甚至也是被崇拜的对象。"中心凸起的支柱"经测量长约 1.5 米，完全被埋在神社内部的地下。在它的上方建有一座小屋，以标明其位置在日本乡村的农舍里，继承并延续着这一传统。在那里，神位和灶神像旁边的柱子标明了屋子的精神中心。这是供奉给幸运之神夷神和大黑神的柱子，具有象征意义，并标志着进行礼仪性行为的位置。在很多情况下，尽管柱子很粗，但并没有赋予它建设性的任务。在茶室里，有两根柱子极具象征性：除了作为壁龛装饰的部分"床柱"，横向的柱子应该保持密封的状态，并将它们固定在房间里；中柱用来隔开主人与客人之间的区域，同时也标明地炉的位置。这两个柱子的象征意义易于理解，因为它们通过烹茶和壁龛的位置，标明了茶室的功能性区域和精神中心。

这两根柱子在形式上与其他结构不同：它们是用特殊的木头和竹子制作的，树干在大多数情况下会保持天然的弯曲，而有了这种自然形状的支撑物，房间的结构就被打破了，否则，房间会呈矩形。在很多情况下，树皮会被保留在树干上，以突出它天然的属性。

与自然共建

日本人与自然的关系特别亲密，这对建筑环境产生了决定性的影响。在日本，按照神道教的观点，空间是以与周围自然界的统一为基础的。因此，空间现象既可归因于地形的范围，也可归因于建筑物本身，因为它们只能与自然现象的精神品质结合起来思考。在今天，许多地方仍然有在建筑破土前进行"地镇祭"仪式的传统。在仪式过程中，人们会建造一个简易的神殿。黑川纪章将日本的空间思维解释为是这种背景下的延续，因此，他反对西方建筑学所引导的"空间的对立"。建筑的设计是为了融入周围的环境，因此不能让它作为建筑布局的焦点出现，而是作为整体构图的一部分。一次又一次地寻求与自然的统一，自然和文化就会平等、互补。而强调水平性则是另一种哲学的体现：这些日本建筑大多数都是一到两层，因此楼梯从来都不是日本房屋中的重要元素。带有宽敞悬面的屋顶使建筑物牢固地矗立在地面上，同时也确定了建筑物的方向。在日本建筑史上唯一具有垂直方向的建筑类型——塔中，水平概念是通过广泛扩大、叠加的屋顶来实现的，这种形式显然与日本人的世界观最为一致。

20. "床柱"上的花卉装饰

21

22

茶室完美地满足了这一要求，其外观很好地融入到了露地周围的环境中。作为在灌木丛和树木中很难被发现的小屋，茶室在它周围的环境中并不突兀。而且在茶室内部，自然的属性也是始终存在的：通过尽可能使用天然的材料，创造出完美和谐的色彩、形状和纹理结构，任何表面的处理似乎都是为了突出材料的自然之美。禅师泽庵宗彭（Daisez T.Suzuki）描述了依靠自然建造茶室的计划："让我们在竹林或树下建一个小屋，它的旁边有溪水和石头，我们在这里种下灌木丛和树木。当我们在里面放好木炭、架上水炉、布置好鲜花、准备好所有必要的茶具时，让我们在这个屋子里，按照这些想法来完成一切。

我们可以像欣赏大自然中的河流和山脉一样去欣赏溪水和石头，当雪、月、树、花受到季节变化的影响，出现、消失、绽放和消逝时，我们可以体会它们为我们带来的不同心情和感受。在礼貌地欢迎客人的到来后，我们默默地倾听着壶中水的沸腾声，听起来就像风在松树上盘旋，能让人忘记日常生活中的烦恼和负担。当我们用竹舀将水从壶中舀起时，会想起山溪，从而消除心灵中的杂质。这确实是隐士与圣人的世界。"

事实上，有时候茶室里只有一朵花，这在茶道的概念中，暗示着一种对自然的强烈依恋，而这种依恋并不是花园里的露天景色所能产生的。茶室与周围的自然环境是如此一致，以至于完全不需要向外看，向外的一瞥甚至会扰乱这种心境。就像千利休说的那样："人们不断地向外眺望，他们不知道樱花会出现在这座小山上还是那片小树林里，不知道樱花是否和红枫一样，能在他们自己的心中找到。"

空间联系

在对日本空间结构的分析中，威利·弗林特（Willi Flindt）和曼弗雷德·斯派德尔（Manfred Speidel）将茶室与住宅、朝圣的寺庙摆在了一起。他们认为，所有这些建筑都是基于一个共同的概念，并且他们将茶室分为五个子区域（如图23），入口在茶室中是与露地相对应的，内部空间即茶室本身，还有不可进入区域和外部区域。如果要对这一空间结构进行更仔细地研究，那么作为核心部分，内外两个露地不同的关系就会十分引人注目。作为花园，它自然是一个室外的空间，但它在整体结构中的地位发生了改变：它的墙和栅栏与外界相隔绝，隐藏在公众的视野之中，从街上无法看到，从而使它成了一个被围了许多层的内部空间，因此，它更有可能被看作是一个内部的"奥"的区域。

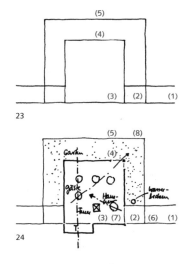

21.爱德华·莫尔斯所绘19世纪日本东京的水平俯视图

22.《都林泉名胜图会》中描绘的松花堂茶室，茶室周围的环境尽可能地接近自然

23.日本空间结构的一般图示：
（1）入口
（2）过渡区域
（3）内部空间
（4）不可进入区域
（5）外部区域

24.茶室的结构：
（1）等候区
（2）过渡区域—内露地
（3）茶屋
（4）露地中不可进入的区域
（5）外部空间
（6）中门
（7）蹲口
（8）栅栏

25

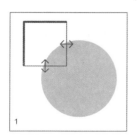

1

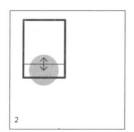

2

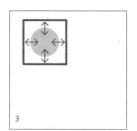

3

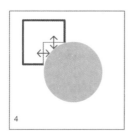

4

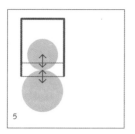

5

26

　　茶室与日本住宅之间有很大差异，茶室和露地之间的联系可以这样分析：通过去除可移动元素可以让外墙不被固定住，从而使建筑到露地的区域完全开放。选择这种建筑方式主要是因为日本的气候在夏天十分炎热潮湿。隐士吉田兼好早在 14 世纪时就写道："在建房子时，首先要考虑的就是夏天。冬天你可以住在任何地方，但事实证明，没有什么比住在不适合炎热季节的房子里更糟糕的了。"只有少数支撑物，如凸起的地板表面和悬空的屋顶可以标明房子的内部、缘侧处的临时空间与外部空间形成了一个连续体。

　　早期的茶室仍然可以让人们对生活空间的开放性有一些了解：他们是经过缘侧，通过一对透明的障子进入的，如果需要，可以将障子打开，这样就能欣赏到露地中的景色。然而，在缘侧前有一个带有围墙的内院，这使人无法看到整个露地内的景致。透过这堵墙只能看到墙后的树木，庭院内尽可能保持空无一人，以避免茶道过程受到干扰[①]。在茶室的进一步发展中，千利休推动了向心的发展：他摒弃了茶室外的缘侧，使露地能直接连接到茶室。蹰口是唯一连接到露地的元素，清楚地划分出室内和室外的界限，茶室的内向性自此达到了顶峰。然而在这里表现出了一种近乎矛盾的关系：一方面，根据临时草屋的模型，应尽可能地强化人与自然之间的界限，但与此同时，也增强了与外部空间的隔绝。千利休之后的茶师逐渐偏离了千利休定下的方向，他们允许人们打开更多的窗户，身在茶室就可以看到更多景色。虽然这是改变内部封闭空间的一个新起点，但在此后的建筑中，与住宅相类似的空间也从未完全向露地开放。在之后的发展中，露地中的元素越来越多地被加入到茶室中。而露地小路上的踏脚石也被引入到建筑内部，从而形成了室内与室外空间重叠的区域。这一发展在细川三斋和金森宗和的茶室设计中到达了顶峰：在这些建筑中，露地与真正的茶室之间有一个缓冲地带，在这个缓冲地带中也包含露地的元素。无论是在外部还是内部的空间，这个过渡区域都不会给茶室创造新的、复杂的"空间质量"。

25. 在京都诗仙堂中只有屋顶和缘侧把茶室和露地隔开
26. 室内外空间联系的变化

---

① 详见《露地》一章。

"政治家、统帅、士兵、商人、僧侣，他们有的学习了茶道，有的则自己成了茶师。但是，无论这条路上的人来自哪个社会阶层，他们几乎都曾在大型寺庙的禅宗学院修习过。"

——荷斯特·汉弥恪

禅宗的影响

日本的茶道历史展示了茶道与佛教禅宗之间的密切联系，日本僧人是在中国旅行时接触到了这两种文化，并在 12 世纪末将它们带回了日本。所有伟大的茶师，要么自己就是禅师，要么是与禅宗有着紧密的联系，茶禅一味在日本是众所周知的。茶道被看作是禅宗的一种美学形式，也是禅宗修行的一种方式。茶道的许多规则都源于禅寺僧人日常生活中简单而实用的习惯，因此，饮茶的礼仪形式受到禅宗教义的强烈影响也就不足为奇了，而且与僧人有着密切的关系。

与其他的佛教教派一样，禅宗的宗旨是个体的启蒙，然而，实现这一宗旨的途径却是不同的。术语"禅"来源于梵文单词"dhyana"，它也是冥想的术语。如果说某些教派是希望通过信仰更高级的佛来获得救赎，例如净土宗中信仰西方天国的佛陀，那么禅宗则是鼓励个人通过纪律和冥想来实现他们的救赎。其中，禅宗特别强调道德上的行为和严格的自律精神，践行者要积极参与日常生活，而不是在世事的失败中寻找解脱。

启蒙可以发生在任何地点，这就是禅宗导师拒绝所有书面记录的原因，因为他们认为，启蒙只能通过直接的行为体验进行。当一个神圣的启蒙场所出现在面向世俗的日常生活中时，通过茶道这种艺术形式可以获取教义。

茶道是蕴藏在日常生活的世界中的，它包含着我们日常生活中的体验：点火、煮水、喝茶，没有其他。世俗与神圣都掺杂在这些时刻里。大桥对于龙安寺禅院的描述也适用于茶室："无形的神圣与美学的形态"在这里相遇，相互渗透，两者又都能保持独立。艺术作为美学领域的一部分，与本质上是无形的宗教分离，又会形成一个新的统一。另外，茶室经常会根据其窗户的数量（始终是六或八个）来命名，这也表明了禅宗对茶室建筑的特殊意义。这方面的例子包括今天在奈良国立博物馆中的八窗席、京都曼殊院中的八窗轩、桂离宫松琴亭中的八窗堂、京都南禅寺金地院中的八窗席以及

28

27. 京都大德寺露地的设计特点是它的不对称性，还有与自然的紧密联系性
28. 和敬清寂——茶道的四座基石，里千家茶道流派第15代家元千宗室所书

29

30

东京国立博物馆中的六窗庵。"六"在这些背景下象征着六眼，确切来说是六种感官的古老佛教观念：分别是眼睛、耳朵、鼻子、舌头、身体和心灵。"八"也是一个类似的概念，眼睛和耳朵会被计算两次。根据窗户的数量来命名茶室，就是把窗户和人的身体看成是一致的，它作为茶师的感觉器官，使人和空间成为一个不可分割的整体。

在封建社会等级严明的时期，禅院民主的组织构成仍然展现出了平等、博爱的思想：在茶室里，每个人都可以不考虑自己的社会背景聚集在一起，因为在通过躏口进入茶室时，所有的客人都是平等的。从 16 世纪起，军事统治者开始认为茶道是形成和平与共识的仪式，因为茶室是公众眼中唯一一个执政的武士阶层成员不得执剑进入的地方。自此，茶室成了战争和权力的对立点。

禅宗设计的七大特点

久松真一，近代最著名的禅宗哲学家之一，他在《禅之美术》一书中描述了禅宗艺术作品美学表达不可缺少的七个原则。在茶道美学设计中，所有原则都是有作用的，在茶室、露地以及茶具的设计中都有直接的应用，它们促使茶师继续努力，为茶道创设一个精神上严谨且与之相适应的框架体系，千利休的侘茶风格可以看作是这一发展的顶峰。

久松真一提出的第一个原则是形式上的不规则和不对称。这个原则起源于神道教，参照的是日本人与自然界的紧密联系。这一原则也渗透到了整个日本文化中，甚至体现在与禅宗无关的艺术创作中。第二个原则是简单，这个原则是通过限制表达手段来实现的，源于佛教原则中的"虚无"。在绘画和书法中，指的就是对黑色的限制，而在茶室建筑中，则是减少到仅有几处不引人注目的色调。第三个原则是朴素，主要表现为"朴实的崇高"或者是"崇高的单调"。例如，自然界中，植物被破坏之后会变得干燥，禅宗发现这种变化，并在这个变化过程中找到了实际存在的模式，使生活中所有的基本方面都作为中心被表现出来。艺术品和建筑也是如此，只有除去感官体验和多余的元素才能揭示出深刻的真理。

波同德·伯格纳认为，日本建筑中渗透了许多空间上的逻辑，它有一个隐藏的系统，无法表达存在性美学。正如"使他们想起痛苦的是事物极限的消亡，又或是它们的重新出现。"对于艺术家来说，这意味着要完全避免情绪化和不成熟，从而不再被它们引导。第四个原则是保持艺术作品的自然性。这与自然主义无关，而是艺术家

29. "福海""寿山"，即非禅师（1616—1671）所书
30. 禅宗的敏锐与约束性影响了具有禅宗风格的建筑

31

单纯、无意的结果。久松真一引用了《南方录》中的一首诗：

有意无意

皆是有意

然而

是不是非有意的意图

即无意

——千利休《利休百首》

造物主和他的作品在造物行为中是没有距离的。布鲁诺·陶特（Bruno Taut）曾叙述了他对茶室建筑的印象："如果你（在茶室内部）环顾四周，就会发现它和其他的建筑有很大不同——建筑师必须忘掉他的职业，黏土覆盖在圆形竹竿上，整体表面上给人以质朴的感觉，同时建筑师巧妙的技术起到了关键的作用。就像一幅即兴的速写，跟中国和日本书画那些伟大的杰作一样，表达的是当前的直观感受。"

32

禅宗艺术作品的第五大原则是幽玄。幽玄通过内容的"不可视"产生，形成平静中的黑暗，以及可以在茶室内部冥想的环境氛围中寻找到的黑暗。第六个原则超凡脱俗，表达的是超越习惯、习俗与形式。对尘世的克制、权威的缺失、思想和行动的真正自由一直是禅宗思想中固有的。茶师们试图在他们的创造活动中实现这一点，而无数关于千利休和其他茶师的故事也讲述了他们如何从日常的经历中寻求解决方法、打破惯例、不盲从权威的才能。静寂作为第七个也是最后一个原则，它代表着禅宗作品散发出的一种内心的宁静，而这种氛围正是在茶室中进行茶道时所期望达到的。

临时性与创新性

平安时代的衰落与镰仓时代武士阶层的兴起，引起了社会和哲学价值观的巨变。而佛教教义也开始追求新的理想。在极其动荡的时代，这种情况常常会导致世界末日教义的出现，而美学上的改变也会随之而来。

31.非常完美的"即兴速写"（布鲁诺·陶特）

32.京都高台寺中伞亭茶室的窗户，临时性的材料展现出所有物件的不稳定性

人们认为，在佛陀去世后的两千年里，佛教经历了三个发展阶段：正法时期、像法时期以及末法时期。其中最后一个时期被看作是宗教衰败和道德沦丧的时代，而人们都认为，他们正身处在这个时代。从这种情绪中发展出来的关于生活和自然的哲学、美学观点深刻影响了自平安时代以来的日本艺术和文学。人们更偏爱于难以

捉摸的色调和昙花一现的事物，单色胜过彩色，秋冬胜过春夏，夜晚胜过白天。《平家物语》①在开篇时描述了在那些日子里的感受：

"祇园精舍中回荡着钟声，他唱着歌，歌里讲述了所有故事。娑罗树上的黄花闪耀着，仿佛指明了厄运。在那些短暂的时间里高歌猛进，就像春天里夜晚的梦。勇敢的英雄们终于倒下了，就像风吹动的灰尘一般。"

在佛教三大法则中，第一条定律为：万物都是转瞬即逝的，这条定律衍生出了易变和瞬态的哲学。虽然这条定律起源于政治混乱的时期，却有着十分积极的内涵：这种易变性被看作是一种崇高的理想，因为地球的永恒只能通过它的对立面——尽可能短暂的瞬间来表现。与其他为信徒提供渐近启蒙的佛教教派不同，禅宗提出：在某一时刻可能会出现突然性的启蒙。因此，对易变性的认知可以成为人们解放的工具和理解人类生存的关键。

日本一直存在着木文化，因此，他们习惯于定期调整建筑结构。由于自然的不确定性，日本居民经常受到地震、火山爆发、台风、海啸和火灾的侵袭，导致他们产生万物是无常的、不完美的、不完整的认知。因此，房屋只是被看作身体的临时避难所，就像身体也只是在有限的时间内作为灵魂所寄居的场所。在茶室的设计中，这种想法是与天然和临时材料的应用相符合的。

"草庵"这个名字正是指出了建筑的临时性。这个表达来自"草"和"小室"的结合，原意指的是古代旅行者的临时避难所：他们在站的地方，将高草扎在一起，在顶端打上结，制作出一个草帐篷以供栖身过夜，早上再把结打开，帐篷自然就消失了。这些茶室采用轻便的材料建造，且体积小，与临时住处的理念完美契合。它们可以很容易地拆卸和重建。日本的建筑系统可以预制构件，也可以取下固定好的金属连接，大大地便利了这样的设计。不将茶室建在固定的地方，而是经常移动，这种现象是十分常见的，许多经过了几个世纪仍然存在的茶室都已经不在原来的位置上。有些茶室甚至从一开始就被设计为临时性建筑：幕府大将军丰臣秀吉的"黄金茶室"建在特定的位置，在不使用时，以拆散的状态被放在丰臣秀吉城堡的地下室里②。

---

① 《平家物语》记录了平氏从执政到衰败的过程。
② 详见《千利休和他的时代》一章。

不管是否有必要重建被损毁的建筑，日本都有一个传统——定期翻修建筑。这个传统起源于神道教，建筑的翻新作为一种象征性的净化行为占据着中心地位，例如，伊势神宫是神道教最重要的礼拜场所，从 7 世纪开始，每隔 20 年就会重建一次，而重建的过程需要 8 年。虽然通过神宫可以追溯日本的历史，但经过翻新，能让它展现出新的辉煌。日本早期存在更大规模的仪式性翻新，例如，在天皇去世后，整个首都都需要搬迁。直到平安京（今天的京都）建立后，这种习俗才被取消。

33

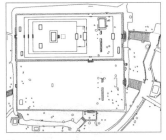

34

临时小屋

理想的茶道场所建筑面积要小，布置要尽可能少，这也是受到了日本哲学家和隐士避世所居住的偏远山舍的影响。即使是像贵族鸭长明那样的著名人物，在 1150 年隐退到山上的小屋里过隐居生活时，也遵循了道家隐士的理想，生活在自然之间，为了"道"——"万物的根源"而努力。在他的《方丈记》中，以平安时代宫廷文学的风格描述了那些日子里自己的情感："河水始终不停歇地在流淌，但河中的水从来都不一样。气泡在浅水处跳舞，渐渐消失，又再次形成，在很长的时间里，它们并不都是一个模样。而人和他们的家也是如此……现在我已经 60 岁了，我的生命在逐渐减少，就像露水一样。于是在我生命的最后几年里，我为自己建造了另一座房子，就像是一个徒步旅行者，为了过夜搭建了一个临时栖身的场所……"他的小屋约有 9 平方米（3 米 ×3 米），正好是四叠半茶室那么大。吉田兼好（1283—1350）是另一位隐退到山间寒舍中生活的著名宫廷贵族诗人，在他的作品《徒然草》中，他描述了在首都时短暂的奢华："由许多中国和日本艺术家精心制作的罕见、华丽的器具并排悬挂着，花园里的草木装饰十分巧妙，这当真是一个可悲的景象。谁又能永远生活在这些东西之中呢？当我看到这样的景象时，我必须时刻想着：这些都只是过眼云烟。"

"几个世纪以来，隐退山间的这种生活并没有失去它的吸引力，尽管实际上只有少数人离开城市去往山里。相反，城市中的人则试图在建在城市中后院的乡风茅屋里实现他们逃离日常生活和接近自然的愿望。这些建筑都是茶室发展的重要推动力，而草庵式风格的建筑使茶室的发展到达了高峰[1]"。在这样的背景下，古印度佛教徒维摩诘的传说对茶室的发展发挥了很大的作用。据称，他在他那 9 平方米的屋子里接待了 8.4 万位菩萨[2]。讲述这个故事的《维摩诘经》在禅宗

33. 每天早上，京都法然院水池中的花都会更换
34. 伊势神宫内宫区域

---

① 详见《千利休和他的时代》一章。
② 菩萨是佛陀般的存在。

35

哲学的追随者中非常受欢迎。早期的茶师们知道这个故事，当时这个故事留给他们的印象是，具有相似尺寸的茶室内部都具有无限的空间。四叠半的空间是茶室的标准尺寸，虽然看起来非常小，但禅宗思想赋予了它数以百计张席子的大小，使它成了一个无尽的广阔空间。

侘美学

"环顾四周：
海湾的芦苇小屋里既没有樱花，
也没有染红的树叶。"①

"当人们，
急切地等待着花儿，
就会看到春天里山间融雪中的小草。"②

相比较其他文化，美几乎存在于日本生活的各个方面。自平安时代以来，类似于《源氏物语》或清少纳言的《枕草子》这样的作品代表着较高的美学意识。自中世纪以来，美学的敏感性与物质化美感形成了鲜明的对比。其中，物哀、幽玄、寒凉和枯槁这四大原则是美学的先行者，它们将会在侘的概念中得到进一步完善。

侘指的是一种美学原则，它常常被翻译为是一种约束和缓和，不完美且不规则的风格。这个词在日语中的原意是"不幸的""孤独的""失望的"。"侘意味着某些事物的残缺，当一切都与我们的想法背道而驰时，我们的愿望就无法实现。"这种概念指的是一种情绪上的美学对应，在这种对应关系中，人们更喜欢孤独而不是融入社会，更喜欢文化的本质而不是规则，喜欢残缺胜过完美，喜欢不对称胜过对称。从美学的角度来看，侘是一种简朴而素雅的设计风格，更偏向于粗糙且未经打磨的材料和物体。同样，禅宗思想认为简单和不经装饰是人类面对自然的变化时最为谦恭的表现。侘不仅仅意味着简单的谦逊，而是将物质的不足转化为精神的自由。莱昂纳德·科仁（Leonard Koren）对这一机制做出了如下描述："这种具有'侘寂'特性的材料引出了这些特殊的感觉。光线透过纸张的方式、黏土干燥时裂开的方式、材料从开始时到生锈时的颜色和结构变化的方式，所有这些都体现了支撑起我们日常生活基础中的物质力量和深层结构。"

35. 侘：美丽源于简单与残缺

① 藤原定家（1162—1241）、武野绍鸥的诗歌，描绘出了侘的感觉。
② 千利休援引藤原家隆（1158—1237）的诗歌，描绘出了侘的感觉。

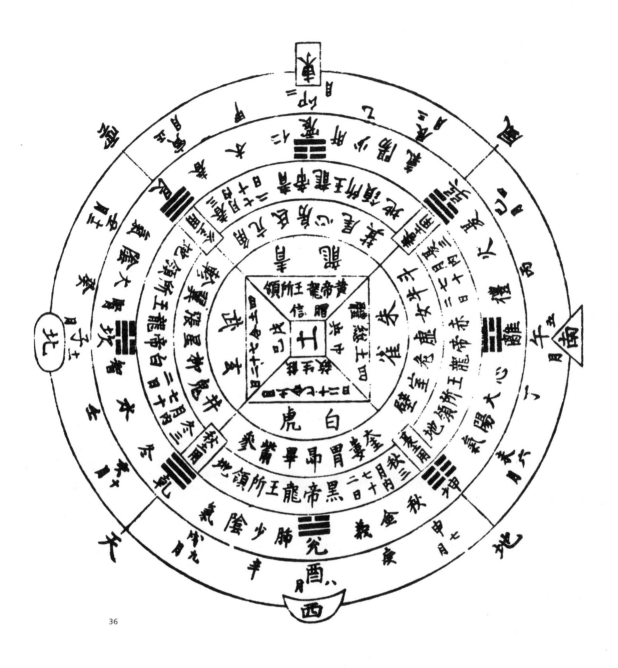

在茶室中使用的具有侘茶风格的物品是简单且基础的。书院式茶道和中式茶具的完美运用形成了鲜明的对比。对不完美和不对称的偏好也出现在《南方录》中："在小型茶室中使用的茶具不必过于完美。有些人不愿意对这些物品造成一丝损伤。然而，这不过是他们尚未真正理解茶道的含义。"这种含义展现了美学的深层维度：侘围绕着禅宗发展，它总是含有精神约束的气息，美丽来自于简单与残缺，从而使旁观者在精神上完成艺术作品。美并不是物体固有的属性，而是需要旁观者的积极参与。完美并不能在形式上实现，只能在心灵或精神深处实现。冈仓天心解释了这样的效应，他写道："只有在精神上实现的才是真正的美丽。生命和艺术的力量在于它们具有成长的能力。在茶室里，每个客人都要在想象中实现他们与自己内在联系的整体效应。"

因此，侘是一个主观上的成就。侘艺术家的作品打破了旁观者的期望，这些旁观者曾相信他们能找到完美的艺术品[1]。茶道中所寻求的真正的美，是把旁观者也变成了艺术家，它的美不仅在于不完美本身，也在于它消除了完美与不完美间的差异。侘与寂这一概念密不可分，而寂则起源于"sabishî（孤寂）"和"sabiru（成熟）"。其扩展意义是"冷若冰霜""暴露"与"憔悴"，和侘的主观性所不同的是，寂指的是事物所固有的客观品质。寂是在物品年久产生的光泽中寻找美丽：没有光泽的茶匙在同一位置被触碰了上百次；一个粗糙、上釉的瓷器上微小的裂痕；又或是通过数十年的摸索，缘侧木材纹路的质地得到了改善。

易经和五行学说

易经和五行学说这两个古老的哲学体系也对茶室的设计产生了决定性的影响。易经是中国人认识和解释世界的哲学体系，在 5 世纪到 6 世纪之间被引入日本后形成了精神框架，并在此后的 1500 年里根据这个框架展现出了新的生命力。直到进入明治维新的现代化阶段，西方理性主义的思维模式逐渐占据主流，这些古老的知识才逐渐被遗忘。

易经的基础是太极，在太极的基础上，两种基本的原始力量或者说原则由此产生，即阴阳。阳对应天空和太阳，而阴则对应地球和月亮。两者都是相对存在的，只有结合起来才能产生效果。阴阳

36. 风水罗盘

---

[1] 存在有一个相似的过程，当一位大师向他的学生提出一个禅宗谜题时，其目的多在于打破他的常规想法，例如单手鼓掌的声音是怎么样的。

北 冬 午夜

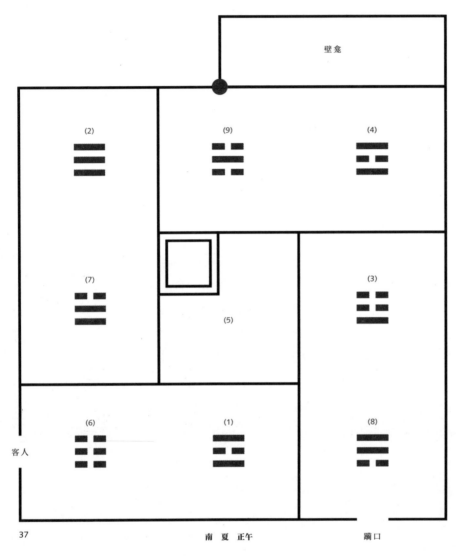

壁龛

(2)

(9)

(4)

西
秋
傍晚

(7)

(5)

(3)

东
春
清晨

客人

(6)

(1)

(8)

南 夏 正午

躏口

可以通过四种方式结合，这些组合还会产生八卦，八卦的八个卦象对应地、山、水、风、雷、火、泽、天。它们被放在指南针上，与方位相对应。五行就是从这个系统衍生而来，指的是万物之源。五行学说认为，宇宙中的一切都由水、火、木、土、金组成，但它们并不是绝对的存在，而是临时的状态，会根据固定的排列模式不断变化。在日本的前现代时期，占有重要地位。不仅是茶室，就连茶道本身也是通过这些学说确定的。人们用木炭（木）生火，用铁锅（金）烧水，而茶碗和灰尘则代表了地。

茶室被看作是宇宙的模型，它是按照所有参与者都应该和谐地融入这个环境中的原则来组织的。四叠半的茶室可按照神秘的方块图来划分，这种模式在中国非常有名，被称为"九宫"。在分成九块的正方形中，将数字 1 到 9 进行排列，使每一行、每一列以及每一条对角线上的数字总和为相同结果。在茶室里，这九个方块对应八卦，而中间则是中性的轴心元素。因此在它的中心是没有卦象的，这也是佛教中的虚无状态，使一切都处于变化之中。剩余的部分将主人和客人带入了这个创造的宇宙中。五行的原理不仅体现在整体结构上，还体现在许多其他的细节上。千利休也指出了阴阳理论对茶道各方面的重要作用："即使是傍晚的茶会，也不会使用午后舀出的水。从晚上到半夜，阴气占据主导，这使水失去了生气，对身体是有害的。清晨的水则充满阳气，刚舀起来的水清澈而纯净。由于水对茶来说非常重要，因此茶专家的担心是十分有道理的。"

一旦风炉和地炉中形成了灰状，人们会在中间用火棍绘制水的符号。茶具架上的茶具布置也遵循五行的理论，通过将用具放在地板或上层板上的方式，使其上下左右保持阴阳协调。

37. 茶室是宇宙的印象：

（1）火（离）：位于南边的窗户，照亮房间

（2）天（乾）：这里摆放着烹茶过程中所用的茶具

（3）雷（震）：象征着新的开始，因为所有大事件都是由雷声引发的。第二位客人在这里坐下，期待着烹茶的过程

（4）山（艮）：虽然山的外观随着季节的变化而变化，但所有变化的最深处都保持着平静。第一位客人在这里等待着

（5）轴心：保证所有转换顺利进行

（6）地（坤）：一切事物的中心和基础。这里是每一次烹茶工作开始和结束的地方，也是主人开门、关门，进出房间的地方

（7）泽（兑）：主人坐在这里为客人们煮茶，如"泽"一般开朗、明亮

（8）风（巽）：在东南位，处在风来的方向，也位于所有禅宗建筑入口的位置

（9）水（坎）：代表着出现在北方的危险，因此这个位置不坐人。这里既没有茶具，也没有人，不过床柱为这里提供了保护

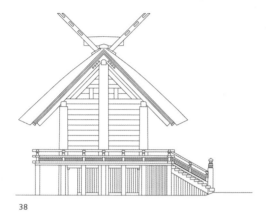
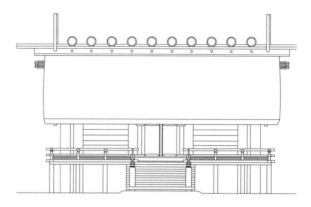

38

39

"虽然在西方，对艺术的享受仅仅是少数人所享有的，但在日本，每个人都有这样一种意识：即使是最普通的事物，它的美学性质也和它的功能一样重要。"

——托马斯·胡佛（Thomas Hoover）

原 理

日本建筑抽象而独特的美是建立在结构、形成性空间和排布元素的基础上的，形式上的秩序原则本质是轴、对称性和层次化。简单的木结构，精确到细节的测量系统，在可支撑部件和不可支撑部件之间产生了一致和明确的区分。只通过直线来构建空间的设计原则，唤起严谨性。支柱和横梁的水平线以及垂直线、天花板的图案和榻榻米席子的花纹，使空间内所有表面都变成了矩形，似乎都布满了"蒙德里安图案"。根据电影理论学家诺尔·巴奇（Noel Burch）的说法，这种墙面的垂直结构具有动力势能——这种图案的某些部分，如推拉门（障子或袄）可以向后推，使新的框架元素，如一个人、一间侧厅或一个花园得以呈现出来。在设计中，与周围的环境相比，可移动元素不应太过突出：日本建筑中的推拉门与西方建筑中的门窗相比，与墙面的对比不够明显。如果说在日本的日常生活中，人们在隐匿的迹象、难以捉摸的阴影和短暂意义的范围内活动，这就更加符合美学的世界了。在艺术和建筑中，作品的隐含意义始终比表面上可看到的受到更多的关注。[①]从这个意义上来说，日本建筑的简约和简化不仅要理解为去除观赏性，还要理解为对本质的专注，以及"不引人注目的完美"。密斯·凡·德·罗的格言"少即是多"，就日本的情况来说也是同样有效的。这一传统在早期的神道教神社建筑中就已经可以找到，当然这也是禅宗审美的偏好。轴向性的缺乏、可观察的正面以及表面的象征性也可能是源于气候条件的特殊性。雾、频繁的降雨和空气中的高湿度软化了结构中的线条和对比度，同时也搅乱了其轮廓。日语通过制造多样的词汇来描述雨、雾、雪的细微差别，从而对气候的特殊性做出反应，建筑观念也会受到影响。

38. 简约和简化塑造了日本的形象——伊势神宫的内宫
39. 对本质的重视产生了一种独特的建筑之美——京都光悦寺

① 详见《哲学与宗教背景》一章。

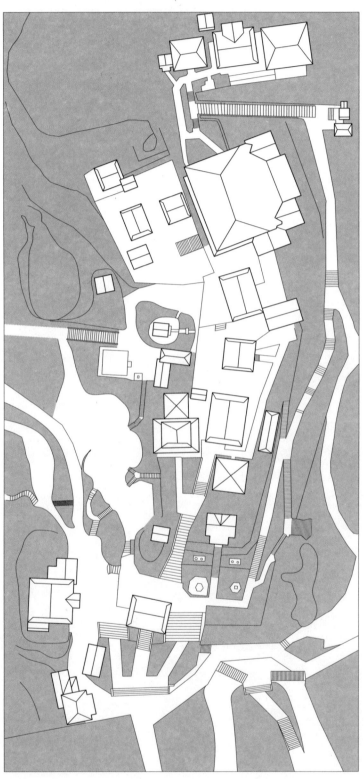

40

■ 不对称性

"在有些地方，人们甚至更喜欢刻意的不完美，就像我们在自然界中遇到的事物那样，因为人们认为只有不完美才是生活，对称作为完美的象征，是为寺庙和神灵所保留的。"

——沃尔特·格罗皮乌斯（Walter Gropius）

41

42

日本美学建立在动态美学概念的基础上，其中也包括对万物转瞬即逝的认知[①]。不对称性是这种观点的直接表达：不对称性并不是一个静态事实，而是成长、变化、相互依存的生命进程的标志，它被认为是日本建筑中最突出的特点之一。建筑理论家诺曼·F.卡佛（Norman F. Carver）认为，基于不对称的完美形式体系的发展对日本建筑史做出了重要的贡献。无论是在某一块土地上个别建筑物的布置，还是房子里的空间结构，又或是单间的平面布置，只有在罕见的情况下，人们才会发现西方建筑中熟悉的对称性和轴向排布。

长期以来，日本在文化发展中与中国有着密切的联系。在奈良和平安时代大型寺庙的修建过程中，也采用了中国建筑的形式——对称性和轴向性。然而，这样的形式很快就被摒弃了，转而采取更符合日本人审美的自由排布。随着在偏远山区修建寺院的过程，"日本化"开始了，其中，最初因为地形而采用的轴向系统被几个非轴向的模型所取代。渐渐地，人们放弃了对称性和轴向性，取而代之的是更细致地布置，最后，这两个特性只在特殊情况下适用于个别寺庙和宫殿建筑。在这一过程中，寺庙也失去了它原有的色彩。直到今天，未经绘制的木结构已经成为日本建筑的典型特征。非对称形式呼吁人们反复思考各元素之间的关系，对各元素进行排列，并在感知中完成精神上未完成的形式。从这个角度来看，不对称性与茶室的理念是相符的，因为在茶会上，参与者的精神世界使空间有限的茶室变成了浩瀚无边的宇宙，因此，建筑必须要坚持完善茶师偏离常规形式的原则。

茶室拒绝完美，理由是完美无法改变，也无法成长，不再是充满生气的过程中的一部分。即使是自然界中的事物也不可能像圆和直线那样有精确的几何形状。从表面粗糙、形状不规则的乐烧茶碗开始，这种偏好在日本各地蔓延开来。这种趋势的出发点和亮点是茶室建筑，虽然两叠半或四叠半空间的平面图往往是方形的，但茶室里的各个元素从没有按照对称的秩序排列，设计模式也从来没有

40. 在"日本化"的过程中，建筑摒弃了寺庙的对称性和轴向性，取而代之的是更细致的参照体系——京都清水寺
41. 茶师们完善了不对称的原则。图为茶室的入口立面
42. 设计原则的不完美性。图为乐烧茶碗

① 详见《哲学与宗教背景》一章。

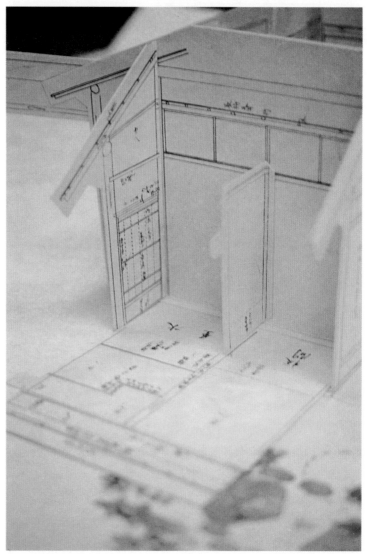

43

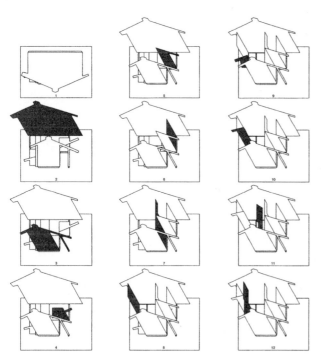

44

重复过。茶室中对不对称的追求主要体现在没有重复的形式和颜色，即总是寻求对立的元素：大和小、圆和直角、轻和重。在对不同茶室的研究中，柳雅夫指出，即使存在方形元素，也总是与精确的几何形状稍有偏差。这种现象的发生不能仅仅通过手工制作方式的允差来解释，而是指有意识地与完美形式保持距离。

平面的重要性

在西方传统建筑的起源地，由石头和砖瓦构成的雕塑建筑线条锐利而突出，相比之下，日本建筑总给人以不够坚固的感觉。几乎所有的建筑材料都使用木头，三维空间概念发展缓慢，这导致日本建筑主要通过其"正面性"来展现其效果。空间在感知中分解为独立的二维单位，否定了直接的空间连接。家具的缺少造成的空无感强化了这种印象[①]。通过关闭所有可移动元素（仅在墙面内移动）的开口，来强化"正面性"的重要性。与倾斜或振动机制不同的是，倾斜或振动机制正面视图中的开口会形成一个梯形，从而说明各组成部分的空间尺寸，而可移动元素无论是打开还是关闭的状态，都呈现成矩形。

茶室也是这样的发展趋势，墙壁长而抽象，长到给人以无法计量数值的感觉，上表面则看起来十分精细。观察茶室里相邻两面墙的表面，似乎每面墙在设计时都不考虑相邻表面的形态。相邻两面墙上的窗户在大小、类型和形状上都不相称。茶室的独立使它脱离了日本建筑的常规和结构的概念范畴，使自由地安装门窗等成为可能。茶室空间内所有的限制区域都被划分为较小的单位，每个空间单位都被视为一个单独的组成部分。虽然所有的部分都从属于统一的空间效应，但焦点是第二维度而不是第三维度。房间越小，个别元素的排列和大小就越重要，所有空间确定部分的关系就越复杂。因此，尽管体积小，但茶室建筑十分复杂，到目前为止，之前使用的表示方法对带有注释的正视图和平面图来说远远不够。

在日本，人们一直在寻找一种茶室空间效应的代表图形。自江户时代开始形成了一种表现形式，在这种形式中，个别空间的限制面被倾斜成了平面。如果打开墙面，就会得到一个茶室的模型，其中各个元素的相互作用都是可识别的，而且很容易就能看出窗户、柱子、门等元素对整个空间的影响。"折叠模型"[②]这种方法几乎完全应用于茶室建筑中，模型的各个面都贴上了关于尺寸和比例等信

45

43. 茶室的"折叠模型"
44. 织田有乐斋的茶室春草庐。图为伯庭卫所绘的折叠模型图
45. 待庵茶室的东墙

---

① 这种现象在日本绘画中也可以见到，当透视视觉规则被长久忽略时，光影也会被忽略，日本绘画典型的平整度就会出现。
② "折叠模型"方法也反映了日本建筑的临时性；茶室的空间只是临时的，存在时间很短，而模型在剩余的时间里都会以简单的方式保持折叠的状态。

46

47

下信息："从右到左，下墙段到底边的上边缘 2.33 尺①，使用白纸
对墙面进行保护；从轨枕到窗框上边缘 2.6 尺，右侧窗户底边 6.5 分，
顶边 6.5 分；边框间的距离是 1.75 尺，边框 4 分、4.5 分；竹棍左侧
窗户边 6.5 分；悬挂的障子 1.6 尺。挂衣钩、竹棍、上墙面部分：上
墙 1.67 尺，到顶部横梁 6.05 尺，竹子 6.5 分；从天花板到上墙面 1.75
尺。"

可穿透的边界

　　西方建筑旨在将功能区和生活区分离，从而保证私人享有最高
程度的隐私。在日本，这个界限并不绝对。使看似矛盾的情况进入
可解决的状态是一项传统，连续性和综合性都是常见的原理。"结
界"②的概念是在同时作为分隔元素和人与空间之间的纽带时建立的，
从而展现出了这种具体的辩证关系。神道教是"结界"的先驱，在
这里，他们用"神圣的草绳"隔开特别重要的区域，或标记一个特
定的对象。"在将一个物体或空间包围起来的过程中，要使这个被
包裹物是'有灵魂'的。这个围栏可以被认为是一个'包裹'，也
可以被认为是日本空间的一个标志。"

　　早期的寺庙和宫殿建筑仍然遵循中国建筑的原则，以一堵巨大
的墙将某一特定区域和周围的区域隔开，加以突出，而日本的划分
方法则具有更加细致的特性。虽然也用栅栏将神道教神社的几个地
方围了起来，隔开了世俗世界中的神圣区域，但这些栅栏总是非常
"软"，是一个可穿过的"结界"。

　　这项原则至少让人们看到了圣堂，看到了内宫，但没有暴露出
整体的视野。这正是在后来几个世纪的日本园林设计中所实现的同
时隐藏和暴露的对立原则。在那里，巨大的墙将花园区域和室外空
间分隔开，但与此同时，墙后的区域又通过借景的理念被融入园林
设计中。茶室通常情况下是完全向内的，很少有窗户需要绝对的曝
光③。露地中的景色仅在少数情况下允许开放，通常通过在开口处设
置半透明的障子和竹帘来阻隔与外界的联系。而这些分隔元素同样
也会具有中介的功能，在平安时代，竹帘已经很普遍了，因为它们
具有单向镜子的效果。从建筑的内部可以了解外部发生的事，但从
外部却无法看到内部的景致。这种通过竹帘的眺望在平安时代非常

46. 细致的边界创造出新的空间品质——京
　　都北村邸
47. 竹帘滤去光线和颜色，营造出诗意、纯
　　净的氛围

①尺、寸、分是传统长度测量单位，1尺=10寸=100分=303.02毫米。
②结界，这个词最早出现在平安时代，最初仅限用于秘传佛教的寺庙。在这里，它表示的是由低矮的竹
栅栏、树篱等组成的边界线，目的是阻止那些扰乱寺院秩序的人进入。
③详见《构造》一章。

48

49

重要，以巧妙的影射而出名，并用"半可见的形式"来命名这种特殊的、漫反射的视觉美学。半透明障子上的阴影、彩色的反射和环境氛围的暗示也有着相似的作用。

著名诗人芭蕉的学生宝井其角，在俳句①中说明了障子作为中介元素的作用：

"瘦小的孩子，
在明亮的推拉门上的
矮竹影。"

50

外部世界就像是映入房间里的影子。光线、颜色和图像渗透进房间内部，可以在这里感知到诗意的变换。例如，有意地在茶室边种上枫树，到了秋天就仿佛有红色的光影落入茶室中一般。在少数情况下，通过移动或悬挂起茶室中的障子，可以看到月亮。然而，这些景致都处在不得扰乱房间内的人精神专注的前提之下。

光线

"自然与人造的光，流入建筑形式的每一个角落。黑暗阻止了你看向深处。如果把光线称作是建筑设计生命所必需的血液，那黑暗则是它的灵魂。"

——张一调《道家思想与建筑》

正如道教的虚无主义和佛教的万物无常观影响着日本空间感的特殊性，源于神道教的概念也形成了一个特殊的空间结构：古老的日语词"yami"除了它的字面意义——所有一切的感觉皆是黑暗，也表示隐藏在黑暗房间里的事物。这里是神道教的神和祖先灵魂所居住的地方。这种神秘的黑暗在日本的建筑中无处不在，最终成了建筑中的决定性因素。作家谷崎润一郎强调了日本建筑的品质："所有美丽的东西通常都来自于日常生活中的实践。因此，我们的祖先，不得不住在昏暗的房间里，不知是什么时候，看到了笼罩在阴影里的美丽，最终他们甚至明白了如何使阴影适合于审美。事实上，日本空间的美完全是建立在阴影的层次上的，否则什么都没有。"这也体现了一个不同于西方建筑的空间概念：对于西方文化领域的人来说，空间体验总是与光线的存在联系在一起的，光线与空间相互

48.无源之光：障子不仅是半透明的，而且依靠自己的力量透出光亮
49.桂离宫中的松琴亭茶室，位于京都西南部
50.如果所有窗户都被遮上，就只有打开的蹦口能看到露地中的景致

---

① 日本诗歌形式。

依存，构成了不可分割的整体。然而一走进日本的传统建筑，人们就会立刻意识到光线的特殊性。建筑没有明亮、清晰的内部，而是生成了不同的阴影和黑暗的层次。除了被障子覆盖的窗户表面之外，宽敞的屋顶保护屋子免受雨水侵袭和夏天太阳的照射。这些房间的品质提升了，而在房间内的某些区域，壁龛完全被置于黑暗之中。正如谷崎润一郎所述："如果你赶走了遍布各个角落的阴影，那么看到的只能是一个空空的壁龛。"茶室的入口，也相当于是从日常光明的世界通向神秘的阴影世界的朝圣道路。穿过露地时，随着离小路的另一端越来越近，小路上的植物也会越来越密集。在茶室的内部，你会被不同层次的黑暗所笼罩，仿佛身在茧中，只有稀疏的光线能穿过几个自由分布在墙上的小口。在这种情况下，障子可以发挥它特殊的作用。温柔缓和的"无源之光"来源于用桑纤维制成的厚厚的障子纸，模糊的透明度通过一种独特的方式分布，可移动的窗户也不仅仅是半透明的，而且可以依靠自身透出光亮。窗户和障子狭窄的框架进一步加强了这种印象，它们作为阴影出现在背光中。即使是在晚上，当蜡烛和油灯稀疏的光散开并通过里面粗糙的白纸反射时，障子也具有透光的能力。

"利休灰"

如果说直到 16 世纪中叶为止，鲜艳而纯粹的色彩都占据着时尚中的主导地位，那么茶美学的兴起则更倾向于柔和而安静的色彩。阅读奈良春日大社神主关于茶的文章，从中可以了解到千利休对这一发展带来的影响："自从千利休在丰臣秀吉将军那儿当茶师以来，每个人都开始模仿他的茶风。由于千利休拒绝展示浓烈的色彩，因此得到了许多追随者的支持，他的韵文也是如此，他凭借着这一观点开创了侘的严谨性。他告诉他的追随者要改变他们和服衣领的颜色，然后穿上用灰烬染成中性色调的和服，并换上新的腰带、鞋和带结。他还告诉茶道的主人们，只提供酱汤、泡菜和螃蟹等简单菜式是最合适的。从那时起，灰色就一直很受欢迎，人们开始从中国进口大量的灰色棉花和布匹。"

这种被叫作"利休灰"的中性色调进入了茶的历史，代表的是一种深绿色的灰。尤其是在元禄时代（1688—1704），人们在所有的色调中尤其崇拜灰色：银灰、靛蓝灰、青灰、棕灰和"利休灰"都是时尚，与棕色和深蓝色一起形成了"粹"[①]的美学色彩概念，在当时非常流行。与之相反，明亮或刺眼的颜色被认为是普通且不好看的。黑川纪章在《利休灰——灰色的文化》一文中将整个日本文化都归于灰色文化。这并不是黑白的对立，而是灰色阴影的盛行，

51.外部的世界仅仅作为内部空间的影子或暗示。高山市一住宅中的障子

---

① 最早的翻译为"朴素中的财富"。

52

53

矛盾且具有多重意义的日本文化占据了主导地位。灰色是无色的代名词，它的出现是对色彩的否定，但同时它又包含了所有的颜色，这也代表了色彩的真实性。即使你不认为它是一种颜色，它仍然是一种"色彩"。黑川纪章引用了日本房屋中的缘侧作为体现灰色重要性的建筑实例，他认为这是日本空间感的关键。缘侧的主要任务是保护建筑内部不受日本夏季强雨、强风以及太阳照射的影响。同时，这里是迎接客人的地方，也是从露地到室内的过渡区域。"En"意味着"在两者之间"，从这个意义上说，一方面，这个多功能的"灰色"空间将内部空间与周围环境分隔开来，另一方面，它又与其他空间相连接。此处也要提及日本住宅中的玄关，虽然它位于屋子内部，但仍然和外部空间在同一平面上，并不是一个真正的内部空间，因为它仅仅是进入屋内并上升到榻榻米的高度。伴随着这种二元性的概念，在日本建筑空间方面，除了"内"和"外"以外，还产生了第三空间。玄关和缘侧要么视作是房屋或花园的延伸，要么两者都不是，即两者是双重"灰色"空间。

52. 日本房屋中的缘侧既不属于内部空间，也不属于外部空间。本图由爱德华·莫尔斯所绘

53. "粹"这一色彩概念的色标

54

■ 茶室的结构

"歌德把建筑比喻成凝固的音乐，我们可以把日本的建筑空间称为是固化的禅宗。"

——张庆玉

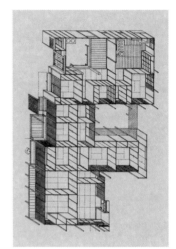

55

空间划分

茶室在很多方面都可以被看作是日本建筑创造的结晶。在住宅和宫殿建筑中运用的各种概念——将地板抬升起来、在细节的处理上做到完美、空间支撑元素和分隔元素的划分，这些概念也被应用于茶室之中，并给予特别的重视。往往独立的建筑风格都是以这些建筑为出发点，例如我们至今仍能感受到数寄屋风格[①]对于后期建筑的影响。在西方，许多被认为具有典型日本特征的事物都源于茶室建筑。另一方面，茶室与日本传统建筑形成了鲜明的对比。至少在发展的顶峰，所有元素进行简化的过程中，茶室完全的内向性，拒绝任何外部参照，纯粹激进主义的萌芽，与其他的建筑完全不同，展现出了禅宗佛教对茶室的强大影响。

日本建筑展现出了极大的魅力，而空间、形式、结构的完美结合，为此做出了重要贡献。传统木建筑的结构体系决定了空间上的联系，许多装饰元素也可以从建筑结构中衍生出来。建筑和设计在这里表现为动态的过程，形成了没有层次结构却同等重要的单位空间的次序。由于所有的比例都从属于它的框架系统，因此单个元素永远不会失去和整体建筑的联系。经济、简易的木骨架结构和模块化的建筑形式使矩形空间成了最合理的平面形式。个体元素在水平方向上相互连接，可以组合成更大的统一体，因此日本建筑才得以有机生长。亚瑟·德雷克斯勒在《日本建筑》一书中准确描述了这一原则，"不同大小的箱子好像被不规则地装在纸箱里。"在空间大小、数量和形状方面的自由选择形成了个体空间的组合，其中也蕴含着混乱的布置、反差和带有用户期望却不认真的处理。因为日本建筑会把基本结构的静态必要性减到最低，除此之外，空间里也几乎没有家具，这使得人们在设计平面图时可以非常自由，也能满足纯粹的功能性要求。支撑结构由细长的、相同维度的元素组成，最多允许有两层。

内部的开发通过房间本身或向外部的缘侧进行。只有在特殊情况下才能找到内部的通道，这种最大限度减少内部开发区域的做法有

54.京都高台寺遗芳庵茶室
55.京都冷泉家宅邸的平行透视图：上部是房间，中部是带有内露地的大门，下部是厨房

---

① 详见《数寄屋建筑与侘风格的回归》一章。

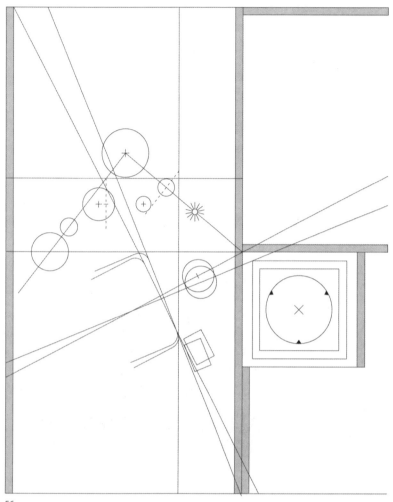

56

57

利于房屋在水平方向上的扩建。如果需要对建筑进行扩建，只需要简单地增加新的空间单位。随着茶室建筑的发展，对角线成为决定性的设计原则：建筑内部的开发和布置都避免出现对称性。通过沿对角线排布房间（这种排布方法被诗意地称为"雁行"，可以实现外观的多样化，并在夏季实现最大程度的通风，同时也实现了露地和房屋、内部和外部的交错连接。对角线排列的另一个特点是，可以在房间的内部感知到建筑物的其他部分。即使是最小的茶室，也会有错开排列的个别区域，这是日本建筑的典型特点，因为它们具有的倾斜和对角线原则也是茶道所固有的：在烹茶的过程中，茶具总是沿对角线放置，而在露地中，竹筲也是按对角线形式被放在蹲踞旁的。

灵活性

个别房间没有走廊，以蒙上的纸（可移动）充当分隔元素，其中半透明的单面纸被称为障子，而不透明的双面纸则被称为袄。因为这些元素非常轻便，也很容易就能从使用的器具上取下，这样就可以把相邻的空间合并为更大的空间，也可以自由地设计平面图，因为只有少数元素，例如房间里的支柱或壁龛作为不可改变的障碍物，影响空间的自由开放。这种灵活性是住宅楼设计中的一般性原则，只在早期的茶室中破例使用过：显然许多茶师都不希望在他们设计的过程中修改茶室的平面图。直到后来的发展中，越来越多的人强调对严谨建筑框架的开放，这些原则才被纳入茶室的设计之中。

由于其灵活性，空间可以有不同的用途。如果说在西方，空间是根据家具和明确的功能建造出的"绝对"空间，那么日本建筑的空间则是多功能的。这些空间不是根据它们的功能，而是根据它们的内部情况或者和其他空间的对比来命名的。因此，从外到内分别是第一间、第二间和内室。同一个空间可以用作起居室、卧室、用餐地点和工作区域。这样就需要没有固定家具的空房间。而建造在整块土地后部的日本传统仓库推动了这一发展：轻便的家具和内部陈设可以保存在这里，从而保证不同用途所需的开放性。

早在 14 世纪，诗人吉田兼好就在《徒然草》中表达了对空房间的偏好："房间里有很多器具，颜料盒里有许多画笔，房子里的祭台上有很多尊佛像，花园里有许多石头和植物，在和他人的交谈中有太多的话，在祈求时还有许多誓言，这些都是会让人产生不快的事情。" 茶室也遵循这种传统，因为这就像未经描绘的日本水墨画或者是无声的诗歌，空白产生了一种极其强大的效果。在剩余的时间里，房间内空无一物，只有在举行茶道仪式期间才会在壁龛内挂

56. 烹茶时，茶具沿对角线排列
57. 灵活性和开放性是日本建筑的特点

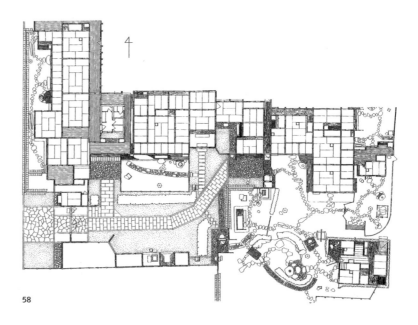

58

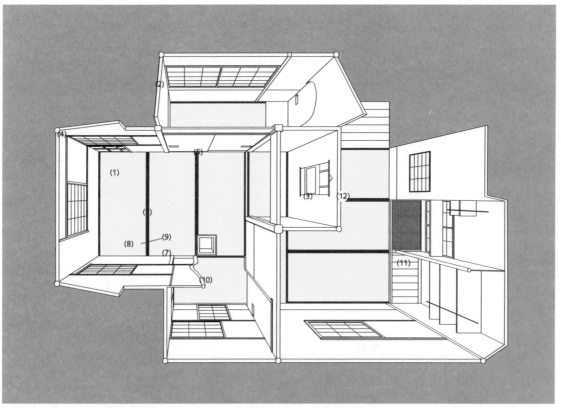

59

上挂轴，插上花束作为装饰。而主人也只有在茶道仪式开始时才会把茶具带入房间，结束后立即拿走，这些都凸显出茶室只是在茶会过程中被短暂使用。茶道结束后，茶室又会恢复空无一物的状态，连茶碗也空了，这一轮的使用已经成为过去。

茶室的功能

如何分辨茶室？主要是看它是否能自由坐落在露地之间，是否能扩展到另一栋建筑之中与之融为一体。而实际性的因素，如土地面积大小起着和功能性一样的作用。例如，如果要在寺庙里建造茶室，并以茶会的形式举行佛教仪式，则应将茶室尽可能建在靠近寺庙的位置。另一方面，如果茶师想带客人们尽可能远离日常生活，那么空间的分隔就是有意义的：在穿过露地的过程中，来访者们留下了他们日常生活中的烦恼。

在一些茶室中，有几个房间的大小和布置不同，根据参加茶道的人数和茶道的类型来选择使用。几个世纪以来，各大茶道流派建造了很多不同的茶室、露地和准备室，如今，这些茶室、露地和准备室形成了相互关联的空间集合。日本很多重要的茶室都位于这个综合体内，后面会进行更详细的介绍。

除了"座敷"是进行茶道仪式的场所外，准备室也是每个茶室不可或缺的一部分。这个通常有两叠或三叠的空间是用来存放和清洗茶具的，里面有准备茶道所需的所有用具。在这个空间内，架子和橱柜旁边是"水屋"。仪式所需要的用具通常是按照具体规定放置在窗前的几个货架板上。架子下面有一个排水口，上面盖着竹格栅，用来排放废水，还有一个装有新鲜水的容器，以及竹舀的钩子、竹筅和亚麻布。墙架是按照实用和美观的原则设计的，空间内的其他元素也遵循这一原则。正是"茶厨房"的舒适使用，推动并影响了旧房子中不舒服且不卫生的厨房的重新设计[1]。根据茶室的大小和类型，还存在着前室和副室，例如主人在客人到来之前准备膳食（怀石料理）的小厨房。通常主人和客人通过不同的入口进入茶室，两个入口在形状、大小和材料上都有着显著的差异。主人从"水屋"走出来，通过主人的入口进入茶室。这个入口比日本普通的通道要矮一些，所以每次进入房间时，主人都必须微微曲身，这样的动作也表达出了对客人的尊重和对仪式的谦恭。在某些情况下，门上会有一个圆形的过梁。

60

58. 京都表千家茶道流派的房间在没有走廊的情况下靠在了一起
59. 茶室的空间组成：
　　（1）茶屋
　　（2）前厅
　　（3）水屋
　　（4）蹲口
　　（5）壁龛
　　（6）地炉
　　（7）主人席
　　（8）袖壁
　　（9）中柱
　　（10）主人入口
　　（11）格栅
　　（12）长押
60. 所有茶具都可以放在水屋的格橱里，在右下角有一个用于清洗茶具的水容器，左下角有一个盖着竹格栅的排水口
61. 水屋中的茶碗

---

① 海诺·恩格尔：《日本住宅的测量与建造》（*Measure and Construction of the Japanese House*），查尔斯·E. 塔特尔公司，1985，第68页。

62

一些茶室还会有另一条通道，在茶道进行期间，主人的助手通过这里为客人们提供食物。如果客人们从内露地走进茶室，他们需要经过踏脚石来到一块高石前，从那里进入茶室。要注意石头的大小，尽可能选择表面较为平滑的石头。将门推开至一边后，客人们曲身从蹐口爬进茶室内。进屋后，他们转身弯腰至茶室外，把在高石处脱下的鞋靠到茶室的外墙边。这种入口的形式是著名茶师千利休的发明。据说，千利休是在大阪北部看到河船上的舱门受到的启发。"当千利休看到人们不得不在枚方码头的船上爬来爬去时，觉得很有趣也很雅致，所以他开始在小茶室中使用这样的入口。"①而他认为船和茶室一样，都是一个独立世界的想法，也在这其中起到了一定的作用。

蹐口这种强制性的进入茶室的方式，并不总是能唤起来访者们无限的热情。来自信州的武士和茶道评论家太宰春台指出："……客人的入口看起来似乎更适合狗，被迫在凸起处匍匐前行，给人一种窒息的感觉。特别是在冬天的时候，让人实在无法忍受。"②低矮的入口迫使每一个客人必须以谦恭的姿态进入茶室。同时，它也是一个信号，代表着你正在跨过一道门槛，进入另一个世界。就像在能剧和歌舞伎町中，客人必须在付费后，或是在演出者从一个窄小的门进入舞台后，通过所谓的"老鼠洞"入场一样，在茶室里也有着世俗世界和神圣世界的分别。关于这一点，日本净土宗的理念就十分有趣，在这种观念中，人们只能通过一个小的开口进入天堂。这也可以参考修验道中的一种仪式——人们必须于岩石之间强行穿过，从而重新走向净化。

茶 室

与日本住宅空间不同的是，茶室的用途从一开始就确定了下来。茶道确切的规则记录了主人和客人的移动顺序，也决定了空间元素的位置和原则性布局。然而，尽管大多数茶室的建筑面积都比较小，但在平面图的设计中，却有着数量惊人的变化。

基本空间为四叠半。如果空间大于四叠半，则被称为附加空间，所有其他的空间都被称为小间。附加空间最大可至十五叠，但茶室通常不会超过八叠。小间是迄今为止最为常见的，它可以被划分为8个基本类型：

62.京都高桐院茶室的蹐口

---

① 保罗·瓦利、熊仓伊佐：《茶在日本：茶道史随笔》（*Tea in Japan: Essays on the History of Chanoyu*），夏威夷大学出版社，1995，第50页。
② 同上书，第82页。

63

64

1. 平面图为方形的四叠半空间,榻榻米布局根据季节的变化而变化。

2. 长四叠空间,四张席子纵向并排靠拢在一起。

3. 宽三又四分之三叠空间,设计类似于长四叠的茶室,只有最后一张席子会被替换为四分之三叠。

4. 深三又四分之三叠空间,其中三个完整的席子构成 T 形。

5. 三叠空间相当于深三又四分之三叠空间减少了四分之三叠。

6. 在二又四分之三叠空间中有一张四分之三叠放在完整的榻榻米席的窄边一侧。

7. 二叠空间,两张席子侧边互相靠拢。

8. 一又四分之三叠空间相当于两叠空间中,其中完整的一叠被一张四分之三叠取代。

此外,也可能存在其他各种常见的排布。

另一种分类方式是八炉,根据炉子的位置相对于主人所在区域来划分。四种基本类型如下: 分别是四叠空间、对炉、四分之三叠空间和角炉。它们可以位于"平常的"位置,即客人位于主人右侧,或者是"反向"位置——客人位于左侧,这两种位置也被称为右手位和左手位。

地炉是茶室的功能中心,它是烹茶的仪式性场所的标志。地炉只在 11 月至来年 4 月使用,其余时间都会用榻榻米将它盖住。它不仅可以加热茶水,还可以用于供暖,因此,它位于茶室的中央,尽可能靠近客人的座位。而在温暖的季节里则会使用可移动的风炉,风炉被尽可能放在房间里远离客人的角落。

根据烹茶的原则确定入口和榻榻米的位置。在地炉所在的榻榻米上切割出侧边长约为 43 厘米的方形口,大小与地炉的厚度差不多。人们会清理掉地炉中以往仪式上留下的灰烬(这些灰烬中往往会掺入先前茶师的骨灰),并在其中放入铸铁的三足支架(也称为"五德"),支架上则放置煮水器。一些茶室不使用"五德",那么煮水器的支撑必须依赖于连接天花板的铁链。因此,这些房间也被称为链室。地炉的组成元素包括炉子和炉架。后者被认为是茶具,有着各种各样的设计。原始的炉子是用黏土做成的,且每年都应该由经过专门培训的工匠进行更换。然而在今天,由钢、铜、陶瓷、岩石等材质制作的地炉也出现在了市场上,而这些材料保证了它能拥有更长的使用寿命。

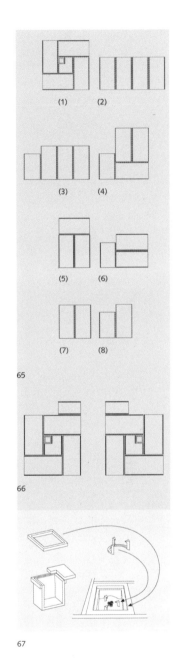

65

66

67

63. 在暖和的季节里使用风炉
64. 在冬季使用地炉
65. 茶室的八种基本类型是根据榻榻米的数量和位置来分类的
66. 四叠半茶室中的右手位和左手位
67. 地炉的组成部分

榻榻米

　　由于日本的房屋总是高于地面，为了确保夏季闷热时的通风，屋子内不使用桌、椅、床和其他家具，因此要设计能缓解来自地板的寒冷和潮湿的元素。地板是木头做的，上面铺上草席，这种状态直到今天一直影响着日本人的日常生活。只有当踏上日本房屋中凸起的地板平面时，才算得上是真正进入了屋子。即使你先前通过了一扇门，也只是在房子里往上走。这就是为什么请求进入日本房屋时的用语并不是"请进"，而是"请上楼"。因此，地板平面对于日本文化来说尤为重要。

　　当日本建筑理论学家芦原义信在西方建筑中看到"墙壁建筑"后，甚至将日本建筑归类为"地板建筑"[①]。在日本，分隔内部空间与外部空间的元素是地板，而不是墙壁。以地板为导向的生活方式与西方有着极大的不同。其中值得一提的是，在日本的房屋中，人的视线高度低至 30~40 厘米，不是坐在椅子上的高度。并且，日本家具是真的可移动的，只有在使用时，才需要从壁橱和仓库里取出并安装好。

　　榻榻米席子是由所谓的床板构成的，厚约 4 毫米的芯子从稻草中穿出，穿过正面的草席，然后被拉紧。席子由狭窄的"稻草条"平行编织而成，纵向上以布镶边。榻榻米席子具有结构体系的显著特征：铺上的榻榻米席子和镶黑边的图案反映了建筑物的结构元素，同时也将地板和墙壁连成了一个整体。此外，榻榻米的网状图案也是一种花纹装饰。使用的席子数量决定了房间的大小。

历　史

　　今天看到的榻榻米形式很可能是在平安时代被保存下来的，直到平安时代，薄薄的草席才发挥了它的作用。榻榻米在日语中的意思是折叠，也正是因为它易折叠，名字也由此而来。

　　在《古事记》（712 年）中第一次提到榻榻米席被单独放置在平安时代的宫殿风格的木地板上，标记着统治者和地位最高的客人的座位。镶边的颜色和榻榻米的厚度则表明了客人的等级。

[①] 芦原义信：《隐藏的秩序：东京走过20世纪》（ *The Hidden Order: Tokyo through the Twentieth Century* ），美国讲谈社，1989，第21页。

只有书院式风格才会在整个房间里都铺上榻榻米。从江户时代中期开始，下层社会的房子里也开始使用榻榻米，然而在一些农村地区，明治维新之前是找不到榻榻米的。到今天，榻榻米在日本已经非常普遍，同时也影响了民众的生活方式。即使是在大城市的现代公寓楼里，房间里没有铺设榻榻米，人们也保留了在入口处脱鞋的习俗。在江户时代发展了一些铺设榻榻米席的特定原则，例如以"T"形铺设，区别于连续铺排的席子。起初在茶室中，使用的是第一种铺排方式，这种方式不会产生轴线或连续的线。在壁龛前面的榻榻米，它的纵侧面与壁龛相平行，并以此作为其他席子的基面。如果没有壁龛，那么门边的榻榻米就会成为其他布局的基面。在一般的日本建筑原则中，榻榻米的窄边绝不能指向壁龛，其中唯一的例外是八叠的茶室会出现这种情况，这是出于其他的考虑，例如地炉的位置。

大 小

榻榻米的大小是根据人体测量推算出来的，大约是一至两个久坐之人的面积。它划定出了生活空间的最小可能，通过这种方式，形成了人类住宅完美的模块化系统。虽然在整个历史发展过程中，榻榻米的大小已经统一，然而到今天为止，榻榻米的尺寸仍会因地区而异，但2:1的长宽比始终保持不变。其中有三种尺寸：在东京周边的关东平原地区，榻榻米的长为176厘米，宽为88厘米，面积约为1.55平方米，关西地区（大阪、京都和神户等城市周围地区）的榻榻米要稍微大一些，长191厘米，宽96.5厘米，面积约为1.84平方米；在这两个区域之间的 是"合之间"榻榻米，主要出现在名古屋地区，长约182厘米，宽约91厘米，面积约为1.66平方米。

在整个历史发展过程中，所有的尺寸大小都曾被应用于茶室，但这种"合之间"榻榻米被确立为标准大小，大概是由于它的尺寸更大，即使是在最小的房间内也能保证茶道所必要的活动能有足够的空间。除了整叠外，还有半叠和四分之三叠。这里提到的半叠（二分之一张榻榻米席），是指完整的一叠减去茶具架的宽度。

茶室中的榻榻米

榻榻米是茶室构成中的根本：铺在地上的榻榻米席会被进一步分成更小的部分，每一部分都有自己独特的意义。榻榻米不仅会根据使用的数量进行分类，每一张席子也被分配有特定的、不可改变的功能。图68中（1）指的是壁龛中的榻榻米，在壁龛前。（2）标示出第一位客人最显眼的座位。根据茶室的大小，为其他客人保留一或多个席子。而（4）和（5）起着特殊的作用：前者会铺设在主

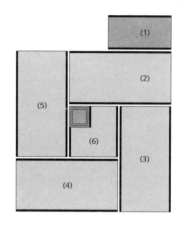

68

68. 茶室中的每一张榻榻米席都有特定的功能。席子的布置会因不同季节而使用地炉或风炉

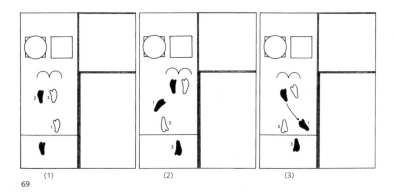

(1)　　　　　　(2)　　　　　　(3)

69

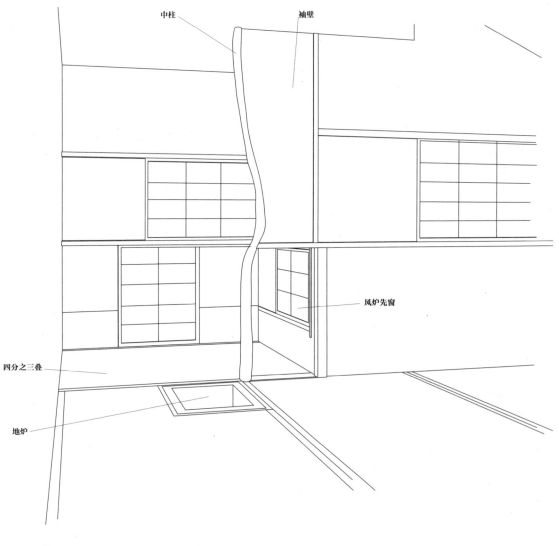

中柱　　　　　　袖壁

風炉先窗

四分之三叠

地炉

70

人入口前，由于主人在这里进出茶室，所以这一张榻榻米标志着每次茶道的开始和结束。烹茶的榻榻米则具有更大的意义，因为它是烹茶的地方。（6）放置炉子，而（7）是客人们交叉的垫子。个别垫子的排布取决于地炉的位置。然而，茶道和榻榻米之间的关系仍然很复杂，因为茶具摆放的不同原则会涉及榻榻米边缘的位置。距离是根据榻榻米上的稻草条来计算的。在《茶道一览》一书中可以读到："……茶入必须放在'建水'的前面。它距离榻榻米的边缘还有三至四条编织线，这里必须将茶入的大小考虑在内。"

茶室的"台阶序列（即什么时候，哪一只脚跨过哪一道边缘）"也表明了榻榻米布局与茶道的密切关系。教科书中的插图使人想起了舞步，在茶室里配以"舞蹈"的插图，对准的是榻榻米的位置。

虽然榻榻米的边缘有各种不同的设计，但在茶室中，几乎都是黑色、深蓝色的。只有壁龛的边缘可以用图案来装饰。图案的大小取决于房间和壁龛的大小。在"小间"中出现的单色深蓝镶边也会出现在壁龛中的榻榻米上。

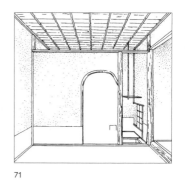

71

四分之三叠空间

引进四分之三叠空间作为主人的座位标志着茶室发展的新阶段，也是茶道内部变化的直接结果。通过去掉茶具架和后面的屏风，可以准确地减小烹茶的榻榻米的面积。此外，四分之三叠空间、中柱和狭窄的袖壁与茶室的其余部分分隔开来。因此，主座被确立为茶室中的一个独立区域，位于与壁龛有关的从属位置，这使得后来茶师甚至把主座说成是前室，这是侘茶中的一大空间概念[①]，袖壁底部五分之二的部分通常不用砖砌起来，以便于客人能跟随主人的动作。

1582 年，千利休的儿子绍安在大阪建造了一间茶室，这间茶室是他父亲茶室的复制品，他将袖壁延伸到了地板的位置，没有空出墙壁下面部分的一般区域。这是四分之三叠空间作为主人独立空间的起源思想。在《道安外记》的记载中，这个概念的发展也达到了顶峰：主座甚至通过一扇带有拱形过梁的推拉门与客人所在的区域分开。客人无法参与仪式的开始，因为主人只有在把茶具带入房间后才会将门打开，与客人所在的空间连接起来。

69. 在使用风炉的季节，茶室的"台阶序列"
　　使人想起舞步：
　　（1）踏上烹茶的榻榻米，
　　（2）离开烹茶的榻榻米，
　　（3）离开带有"建水"的烹茶的榻榻米
70. 四分之三叠的布置：
　　去除小房间内的茶具架导致了主人席的缩小
71. 茶室结构的特殊形式

———————————

① 详见《草庵式茶室的发展》一章。

72

壁龛

日本的墙面不像中国和西方那样，会用画或其他装饰元素进行装饰。如果没有用"对袄"和其他建筑材料进行粉刷，那么房间里是没有装饰的。然而，带有壁龛的房间内有一个可以用挂轴和插花进行装饰的地方。第二次世界大战前，日本几乎每一栋房子里都有壁龛，尽管在某些情况下，壁龛只是以可移动的、未成熟的形式出现。

起源

壁龛并不仅仅是展示艺术品的场所，它自封建时代以来都标志着空间里最重要的区域——"上座"，剩余座位的安排都是根据这个座位来确定的。地位最高的客人背对着壁龛落座。但随着时间的推移，这种座位的排布发生了改变，目的是为了让每一位客人都能欣赏到装饰品。

壁龛确切的来源是存在争议的，它很有可能是从不同元素的组合演变而来。首先有必要提一下"上段之间"，这是一个抬升的空间区域，是在室町时代后期根据人们的需要从书院式建筑的宫殿里发展起来的，是为统治者和贵宾们设计的极佳去处。这个区域早先是用铺在木地板上的单张榻榻米做标记的，自从整个房间都被榻榻米所覆盖，这个区域需要以其他方式进行标记。将地板的一部分抬高是一种有效的方式，可以重新定义失去的首席位置。事实上，在今天的茶室里，壁龛是唯一一个等级较高的地方，是为最重要的客人预留的，这表明"上段之间"是壁龛的原型。这也与统治者丰臣秀吉经常占据壁龛的位置这一事实相符合，据说，千利休也多次为地位最高的客人提供这个座位。

在地板上方25～30厘米处的墙上装有一块厚厚的木板，它被认为是另一个壁龛原型。它被放置在挂轴的前面，上面放有佛教祭坛上的三件仪式性物品：烛台、香炉和花瓶。虽然早期这种木板是可移动的，但随着时间的推移，它成了夹室中的固定布置。由于它与壁龛的排布十分相似，所以也有可能是壁龛的起源。

壁龛的组成部分与类型

茶室里正规的壁龛叫作"本床"。它通常面向南方，光是从右边照射进来的。床柱、壁龛的底梁和过梁以及铺设有榻榻米的地板都被认为是"本床"的组成要素。如果缺少这些元素中的一个或多个，就会被称作是"非正规的壁龛"。基本形式的壁龛为挂在墙面上的挂轴提供了一个区域，但它没有上文所提到的"本床"的元素。织部式壁龛是用木板来标记带有壁龛的房间，并将木板安装在墙上的

72. 用插花和画轴米装饰四叠半茶室中的壁龛

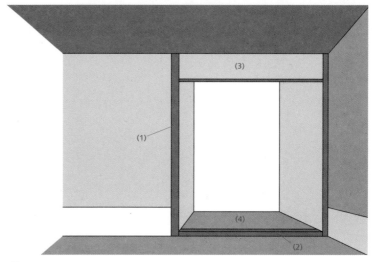

73

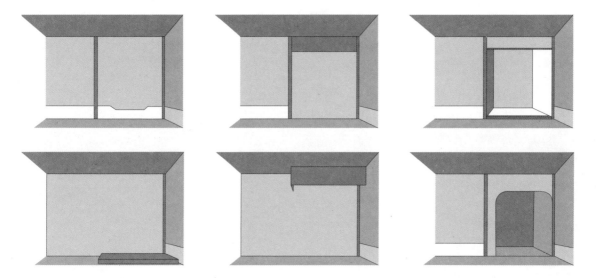

74

天花板区域。另外两种形式的壁龛是由基本形式的壁龛改造而成的。第一种会在基本形式的壁龛前方放置一块可移动的木板，第二种则是通过挂在墙上的挡板来定义的。

如果一个壁龛包含"本床"的所有元素，但它的形状或大小不规则，那么它会被称为改进的壁龛，其壁龛底部往往并不是由一张榻榻米席构成的，而是一块像踏板一样的木板。只有在地板上铺设榻榻米，包括天花板在内的粉刷过的壁龛，才是"室龛"，而其他都是特殊形式的壁龛。

壁龛也可以根据它的宽度来分类，通常是根据榻榻米席的大小描述，既有半叠宽的壁龛，也有四分之三叠宽的壁龛，甚至也有一叠宽的壁龛。如果壁龛的宽度宽于榻榻米，那么则用尺来表示：七尺相当于宽约 212 厘米，八尺相当于宽约 242 厘米。还有许多其他形式的壁龛，只是在细节上各有差异。尽管有大量不同的模型，但壁龛的变化还是高度标准化的。

由于壁龛通常不会延伸至整个房间那么宽，它旁边的空间通常会被第二个夹室所占据，里面通常会放置带有可移动隔板的格橱。由于这个夹室几乎完全与壁龛结合在一起，看起来就像是壁龛的一部分，而不是一个独立的空间元素。但它们很少出现在茶室中，因为除了壁龛以外，住宅建筑中的一般元素都在茶室中被去除了。只有在那些像书院式会所一样的茶室中才能找到格橱。

通过茶师千利休的努力，草庵式茶室中侘的理念到了顶峰。由于突出强调茶道的精神层面和完全内向性，壁龛成了空间内的绝对中心，其他元素都按比例发挥着次要的作用。千利休沿着轴线对蹦口和壁龛进行排布，客人一进入房间就可以看到用精心布置的花束和画轴装饰的壁龛。然而，在此后的茶道史中逐渐背离了千利休的哲学，这一点可以通过后来茶师对壁龛做出的改变来解释：这些人越来越倾向于将自己放在行为的核心，并相应地重新设计了茶室。于是，壁龛被移出了茶室的中心。

73.正规的壁龛包含所有特定的元素：
    （1）床柱
    （2）底梁
    （3）过梁
    （4）榻榻米
74.非正规的和经过修改的壁龛

75

"用松木和竹竿制成的梁，不管是直的或弯的、方的或圆的、向上或向下、向左或向右、新的或旧的、轻的或重的、短的或长的、宽的或窄的，裂了都需要修补，断了都需要修复。所有的一切都有差别，没有什么是一致的。"

——《禅茶录》

木结构

日本的建筑一直以木结构为主，到了 19 世纪，仍然很难找到一座石建筑。方便的购置途径、轻加工制造技术、静态抗震以及较低的成本都是日本选用木材作为建筑材料的决定性因素，因此，与中国的石建筑不同的是，在日本，木材才是优先使用的主要建筑材料。木材的优点，以及日本人与自然，尤其是植物的特殊关系，使人们忽略了木材的易燃性和有限的耐久性等缺点。日本从中国和韩国学习了寺庙的形式，但在中国和韩国皆为砖石或混凝土建筑，在日本则是以石头为基座，上部以木结构建造。即使经过多层加固，也只有坚实的地基是用石头筑成的，剩余的建筑体皆是用涂抹泥灰的木结构建造而成。直到明治维新带来了西方化的建筑形式，砖块和石头才成为常见的建筑材料。

茶室存在一些特殊的功能，但它仍然是传统木结构建筑的代表。茶室不同于寺庙和住宅建筑，它使用的是最天然、最多样的材料。在可能的情况下，住宅仅采用一种木头进行建造（通常是用桧木和雪松），因此茶室是用手头的天然材料建造，或者是用旧公寓的横梁改造而成的。建筑师黑川纪章在研究茶室建筑时仔细描述了这个现象："起初，茶室是用附近发现的材料建造的，没有使用过多特殊而昂贵的材料。通常是将附近小树林里的树干或树枝，路边的石头这样的材料收集起来，用于设计。当然，在这个过程中，需要茶师的审美判断力，能在普通材料中找到美，这一点至关重要。他们意识到了某些树木和石头的审美意义，而这些元素对其他人来说并不特别。最重要的是，他们有能力将这些元素融入茶室的设计之中。"

在茶室的建造中，使用了各种不同类型的木材。绝大多数木材来自针叶树，阔叶树的木材很少使用。桧木、日本五针松、赤松、日本雪松和杉木是主要的软木品种，硬木品种主要有栗树、樟树、橡树和榉树，榉树因它的野生颗粒和特别适于雕刻的硬度而得名。人们对天然材料的颜色和质地进行了评估，它们多用于未涂漆的表

75.东京池上本门寺的图绘，来自1900年左右的英语版日本旅游指南

76

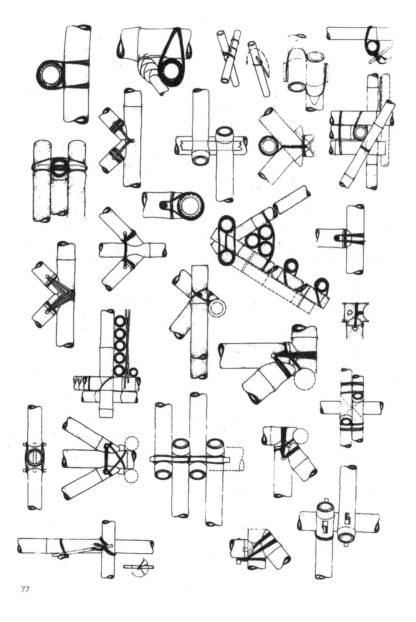

77

面，但它们很少是真正未经处理的。特殊的柱子和横梁是由来自北山和吉野的森林中的雪松制成的，这种雪松以其高品质闻名。首先，要去除粗糙的外部树皮，擦去木材表面被包入棕榈树叶子里的细沙，最后用粗糙的草绳进行抛光。对于某些支撑柱，尤其是床柱和中柱，应该优先考虑带有特殊曲面和表层结构的树干。这种对生长异常的木材的偏好导致了这种类型的树木需求的增加。例如，现在人们会将硬质塑料绑在年幼的雪松树干上，以这种方式让树干表面更平整。有时会采用染色技术，将主要来自灰烬的深棕色颜料涂在溶于鞣酸和植物油的木材上，使表面呈现出一种几乎为黑色的色调，树干上的纹路、树节和其他自然元素尤为突出。柿子的汁液也可以用来加工木材的表面。

78

竹 子

竹子是茶室中最重要的建筑材料之一。作为在日本农村地区十分容易获得的一种材料，它一直被广泛应用于农舍的建造。由于伟大的茶师千利休受到来自乡村的事物及乡村建筑的影响，自他的时代以来，竹子也被应用于建造茶室。从支柱、椽等建筑元素，到下地窗和连子窗等窗户式样，再到作为装饰使用的床柱，竹子这种材料决定了茶室多样的外观。许多茶具也是由竹子制成的，这体现了茶师对这种材料的重视程度。而这一点源于整个东亚地区的共同传统——竹子被认为具有基本的审美价值。它的直线生长被比作一个人正直的性格，坚硬、柔韧的竹竿象征着爽直的内心，尽管它有着极强的灵活性，但它仍保持着一份坚定与顽强。竹子的空腔也体现了禅宗虚无的原则，一些禅宗僧人认为，认清竹子的本质才是冥想的崇高目标。早期，画有竹子的画是用来装饰禅宗寺院的，竹与梅花、兰花、菊花一起被称为"四君子"，分别代表了四季。

竹子最大的缺点是容易被真菌感染和生虫，这就是早期工艺致力于使材料更为耐用、牢固的原因。竹子最佳的收割时间是 11 月和 12 月，在这两个月中，新鲜竹子中的糖分含量最低。将竹子进行蒸煮，是一种降低其天然油脂和淀粉含量的方法。在储存和陈化之前，会进行多次抛光，直到竹子呈现出淡黄色。另外还有一种连接技术——人们经常在茶室里将竹棍绑在一起，并把它作为下地窗和天花板设计中的装饰元素，这种技术早期专门用于日本的民居建筑。

76. 风中的竹子［东皋心越（1639—1696）的水墨画］
77. 艺术性地将竹子绑在一起使得茶室建筑更加完美
78. 京都曼殊院中经过特殊加工的木柱
79. 竹子作为在茶室中使用的建筑材料，地位越来越重要

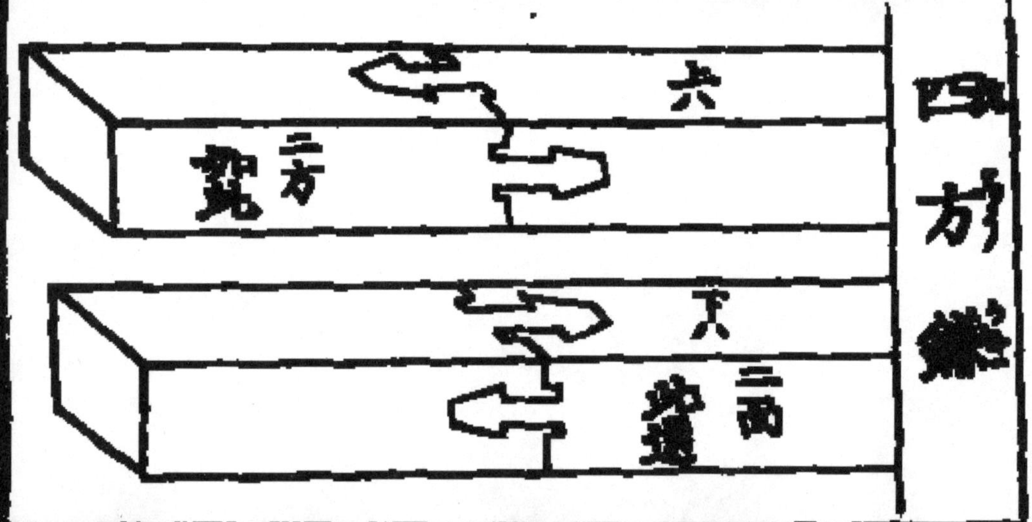

四方樂

六
二方
覧
天
二両

あさり
毒石下田雲見田

びゃく
子所津石頃を鴨語

りーゲだ
りハづ
りーうあ
とるさまけ
ろく

どうとて
右朋迎渡合方波重裏
とうぞうめらせ
あひろら

どくん
のう
込雲祀胴挍合今に
つらきう
しどうき
きゆう

のくもう
繋切面切小橋上

与整体的传统建筑一样，茶室是基于一个简易的支撑系统，完全由垂直和水平元素组成。用于支撑的对角线元素被完全摒弃，目的是确保建筑应对地震时所需的灵活性。另外，使用整块木材在稳定性上更为有利，这一点导致了各种不同建筑元素的交叉。除此之外，由于日本的木结构建筑中没有使用金属元件，传统木材的连接十分复杂，连接必须保证结构的稳定性，个别元素必须以抗拉和耐压的方式相互连接，为此开发了特殊的木销和榫。它们分别用于同一功能的元件的纵向连接，如两根柱子和横梁，以及不同功能元件的交叉连接，如横梁或檩条的支撑。

所有这些连接形式的复杂性也具有很高的审美吸引力。出于技术需要，对角接合的横断木料进行特别的保护在日本也是一种美学原则：两个建筑部件相互接触的位置应该尽可能的隐蔽，无论内部的结构设计多么复杂，人们在连接点上看到的应该是一条直线。

木匠设计的连接与整栋建筑都有着联系，除了建造的任务，他还履行了西方建筑师的职能。即便是采用了欧洲和美国的技术，现代住宅楼仅需要二十处连接就足够了，一个优秀的木匠在今天仍然可以掌握两百种不同的木材连接方式。在日本，建造房屋的木匠和打造家具的木工之间没有区别，传统建筑结构的设计和室内设计之间也没有区别，因此，传统建筑结构设计和室内设计都采用相同的建造方法和原则。

在日本的建筑传统中，木工通常也是建筑的规划者，只是随着茶室的出现，才出现了不同：与其余建筑设计的区别在于，设计这座建筑的茶师与执行建造任务的工匠不同，因此，随着桃山时代茶室的出现，日本的建筑艺术才开始了解一些类似于建筑的设计者要做的事。虽然个别建筑与委托建造这座建筑的人的名字密切相关，但这位委托人却从未设计过这座建筑。因此，茶师是日本最早的建筑师。从此，建筑和风格之间第一次出现了和设计者名字有关的联系，例如"利休风""织部风"，这种变化非常典型。而最重要的是，茶师的创意和个性才是茶道发展中最主要的动力。

80. 木匠手册中的木材连接方式

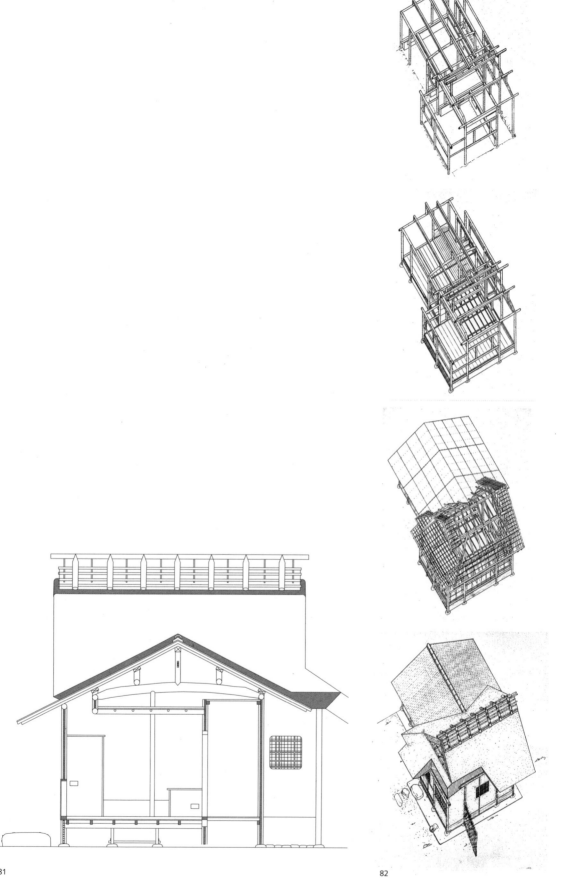

81

82

"听着，除了席子的标准尺寸，所有其他严格的鉴赏规则以及敏感的意识也会检验木匠和他的同事们的工作……房间的高度往往比普通的推拉门要高，比一个欧洲人的身高要略高一些，最多达到2米。窗户自由分布，没有任何的规则……由于这里的建筑工人不受这些规则的约束，所以所有的一切，天花板、木柱、泥灰的处理、整体风格都十分自由。"

——布鲁诺·陶特

茶室建筑起初仍然受到书院式建筑①的强烈影响，只有当书院风的形式无法满足茶道所需的自由时，人们才会寻求更轻便、更自然的建筑体系。因此，建造茶室时，最典型的往往是使用圆形的、天然的支柱。但其总体结构又完全遵循了日本建筑的原则：它是由简单重叠的水平、垂直元素组成的，将较大的个体反复划分为单独的子单元。所有的建筑元素都是为了让它显得轻巧而脆弱，各部分之间的比例也很重要。由于各种原因，建筑体系是不可变的，特别是设计细节需要进一步完善。这样的做法使得相当简单的建筑体系和极其复杂的细节处理中产生了特殊的矛盾。

由于日本房屋的地板比地面高 70~80 厘米，地基的主要功能是将框架结构与潮湿的地面隔离开。由于墙壁仅能支撑其净载荷，基准点要位于主柱之下。建筑并没有牢牢固定在地面之上，由于地基的原因，也没有额外的固定装置。在过去，支柱和立柱都是直接插在地面上的，直到 8 世纪才采用了来自中国的技术，将支柱插在入土的地基上。因为没有地下室，没有必要挖掘深沟，地面尽可能保持未经改动的状态，其目的是"使龙脉不受损害"，这是源于中国的古老信条。基石根据其形状被称为"圆石"或"平石"，上面有圆柱形凹槽，凹槽是从柱子底部切下木楔后形成的。与书院式建筑中非天然的、砍凿过的石头不同的是，茶室中的基石几乎都保持着自然的形状。然而，如果是在今天建造传统的茶室，混凝土的地基已是十分普遍，根据需要，从点到条再到板式基础，所有的形式都有可能出现。日本茶室中地板的结构遵循个别建筑元素系统叠加的一般方法：排列在支柱之间的梁构成了一个框架，这个框架通过放置在自身基石上的柱子支撑着。在这两者之间设置有间隔固定的地

81. 水平和垂直元素堆叠在一起：穿过茶室
82. 茶室建造阶段的轴向示意图

---

① 详见《草庵式茶室的发展》一章。

板梁，在它上面还铺有距离一致的横梁。在这些梁上架设地板，最后通过纸制的分离层进行保护，从而进一步铺设榻榻米席子。

墙 壁

在石建筑盛行的文化中，最先建造的就是墙壁，因为它们必须要承载所有压力，并将这些压力引到地面上。另一方面，在日本建筑中，木制骨架的结构承担了所有的静态压力，并且关系着能否使屋顶尽快完工，屋顶是保护其余建筑部分免受阳光和雨水的侵袭。墙壁的填充工作则放在最后。

与建筑的其他元素相比，墙壁并不重要。它们没有任何的辅助功能。因此，它们可以建造得比支柱和横梁截面更薄。所有墙面都可以划分为不同大小的矩形，从而避免周围的建筑部分给人以笨重的感觉。日本墙壁缺乏坚固性的这一特点从它的名字——"shinkabe"中已经体现出来了："kabe"的意思是墙壁，而"shin"则代表支柱的中心。因此，墙壁是连接支柱中心的唯一薄层。在茶室中，由于支柱间距小，墙壁仅厚4厘米，比住宅楼的黏土墙还要薄三分之一左右。只有在特殊情况下，日本建筑中的固定墙才会作为划分空间的元素或中断视野轴线的建筑手段；而所有其他的墙面都会被建造成可移动的。

茶室里的情况则不同，所有的四个侧面都会被固定的黏土墙围起来，仅有少量的建筑结构为满足一些形式或体现个别元素的意义是可见的。但是茶室的墙面也被分成了矩形，即使这样脱离了严谨的建筑概念范畴：它由建筑的个体元素和自由分布的窗面以及障子的导轨组成，并为设计师提供了更大的设计自由，这一点受到了茶师们的欢迎。在支柱之间有拉伸的基本轨枕框架，上面靠着墙体建筑剩余的直立部分。墙面的顶端有支柱，可过渡到屋顶的水平方向。支柱有一个横截面，通常是圆形的，其柱头需要相应的复杂设计。在寺庙和住宅建筑的上门框上使用的装饰用横木，在所有墙面上都可以实现，从而形成连续的直线，但这通常不会在茶室中使用。支柱间的距离通常用"间"①来计量，并在60厘米左右的位置与门闩和横木保持垂直。以这种方式形成的区域遍布整个竹制格子结构，先用竹棍构成基本的框架，再以窄竹条编成格子，用绳子或稻草绳连接在一起。当完成了骨架，在其两侧以及几个面都抹上黏土，就形成了所谓的"粗糙墙"。当墙面干了，再在上层抹上细黏土。有无数不同色调的黏土品种可供选择，此外，黏土中还渗入了不同色

---

① 1间=1.81813米

调的沙子，或与海草以及珍珠母片混合在一起。最上面的黏土层经常用烟灰、墨水、生锈的钉子或油墨来染色。墙面变暗，创造了适宜的光照条件，在这样的环境中，挂轴和插花显得尤其好看，形成了明显的对比效果。一些茶室会省略覆盖层的工序，以便能获得粗糙而自然的纹理。

黏土墙与支柱的连接处并不是通过镶边和压缝条来保护的，即使是这些完美而精密的细节需要高级的工艺。外墙的黏土通常是不着色的，这也正是为什么大多数茶室适应自然环境的原因。室外区域下部的封闭墙体往往是由木板构成的，但这并不能达到地板的高度。剩余的隔间里布满了平坦的石头，从外面看，这些石头的大小、形状和基石几乎是一样的。在一些茶室的外墙上，可以看到两根支柱之间的墙上有一根竹柱子，它正好排列在中间，是墙体建筑中的常见元素，主要用来加固建筑物。起初它不通过窗户时是覆盖有黏土的，在这种情况下可以保证竹柱的完整。但是后来茶师们选择了自由的排布方式，使竹柱在任何情况下皆可见。已知的第一个例子是千利休的待庵茶室，在那里，竹柱从下地窗旁边的躏口附近经过。

83

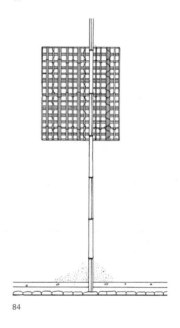

84

茶室建筑的另一个典型元素是所谓的"牙签柱"——一个在角落的柱子。它的下面部分被黏土覆盖，只能看到它的上半部分。由于墙角被黏土完美包裹着，从座椅的位置看不到任何关键点，因此产生了一个视觉上的延伸。茶室里的墙和袄是未涂漆的，这与一般的书院式建筑不同，但从墙壁底部到30~45厘米高的位置是用纸糊上的，根据想要的效果，会使用明亮的、奶油色或白色的桑皮纸，又或者是黑纸或灰纸，有时也会使用旧的信纸和日历纸。千利休意识到文字在传递茶道文化中的不足，因此他向他的学生南方宗启提出了以下建议，而他的学生也记录下了与老师的这段对话："在这种情况下你记录下了我们的谈话，以后我应该会后悔。不过我还是不知道，有些东西被丢在了哪里。请你使用类似的糊过的墙壁和袄。"在今日庵和如庵茶室中，茶师们用古老的日历纸创造出了美丽的侘的效果，而在残月亭中，也使用了印有图案的纸。

83. 被黏土覆盖之前的墙体建筑
84. 千宗旦今日庵茶室中的竹柱子

开口

在日本的住宅楼里，有许多可移动的元素，例如，起到门的作用的半透明障子和不透明的袄，以及窗户和房间之间的分隔元素。但茶室中的每个元素都是单独使用的。设计者对每个入口和窗户都进行了明确的区分，并根据其相应的特殊作用建造每个部分。

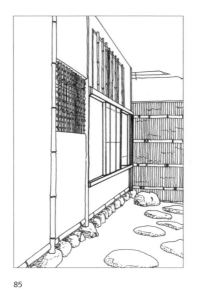

85

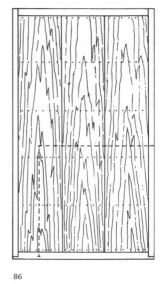

86

87

1. 主人的入口：主人通过这个入口从准备室进入茶室。入口用单独的袄封上。使用单独的可移动元素是茶室建筑的特点之一。在日本的其他建筑中，推拉门总是成对出现，并且有一个黑漆木框，以便两扇袄的移动。在千利休的时代，日本建筑中出现了一个新的元素，即所谓的"鼓袄"。这是一种完全应用于茶室中的形式，它的纸盖超出了框架的范围。出于结构的原因，障子和袄是十分轻便的，通常只打开一指大小，而"鼓袄"是一个单独的白色平面，与暗色的黏土墙形成了鲜明的对比，在视觉上传达出一种特殊的轻便感和失重感。因此，它并没有安装像普通的袄那样的门把手，相反，只需将覆盖的部分沿对角线向内推，就会形成凹槽，从而可以通过抓住它来开门、关门。

88

2. 蹲口：阿图尔·萨德勒认为，蹲口一词源于木匠的俚语，从古田织部那时候才开始使用。在千利休之前，供客人进入的入口足够大，客人可以保持直立的姿势通过，尽管有观点认为，千利休的老师武野绍鸥的茶室入口比平常的矮，客人们必须从缘侧曲身进入。但如今待庵茶室的入口才被认为是第一个典型的蹲口。它的大小是79厘米×72厘米，比后来的标准尺寸66厘米×66厘米要稍大一些。待庵茶室的蹲口是从一扇旧木门的右下角锯下的，这个方法经常被后来的茶师所复制，在后来的茶室中也形成了一定的标准。这种形式可能是来源于采用使用过的材料建造整个茶室的意图。后来，人们用旧的柱子和木板，加上一块狭窄的新木头做成了蹲口，旧木材和高品质的新木材的同时使用形成了极具特色的对比。

蹲口的门和下部的滑轨都需在客人进入前进行清洗。把门从滑轨上取下拿去清洗，会让客人在碰到门时感受到它透出的勃勃生气。最后一位客人关上门，用一个简易的钩子将门锁上，这个钩子主要象征着与外界隔离，无法保护茶室不被外人闯入。一般是在听到一声敲击时将门关上，这是来自主人的信号，代表客人们已经全部集聚完毕。

就像历史的进程一样，在茶室里，所有客人之间没有平等，关注的是社会等级和分化，最高级别的客人可以保持直立的姿势通过单独的、带有障子的入口进入茶室。

窗 户

茶室的窗口不仅具有透光和通风的作用，它们也是形式外观的决定性元素。因此，茶室的大小、布置、设计和数量都对茶室的氛

85. 待庵茶室的蹲口区域
86. 蹲口大多是从一扇老旧的门的右下角锯下来的
87. 与描述的纸张相黏合的袄
88. 主人入口的门是一个白色平面——大德寺中的茶室
89. 木刻画中的蹲踞与蹲口（图为茶室中的妇女将她的鞋子端正地摆在茶室门边）

簾
の
品

90

91

围有着极大的影响。日语中窗户一词是由"ma"和"do"两个词组成的:"ma"表示时空间隔①,而"do"则表示门。一方面表现的是将门窗视为平等元素的想法,而另一方面指的是日本建筑中的组成部分必须结合整体结构来理解。因此,窗户不是一个独立的元素,而是嵌入到两根柱子空隙中的那部分。墙上的开口在传统上是通过拉伸两根柱子之间的梁形成的,整个宽度一直延伸到地板的区域,成了一个窗口或门的小口,用相同的可移动元素封上。在早期茶室中仍然会使用这种传统的方法,但为了茶室的氛围,传统的方法也应该为新技术让路,有必要尝试不同类型的光照方法。窗户脱离出建筑框架,被嵌入需要它们的墙壁中。更大的自由排布的窗户就是通过这种方式实现的。其中一些是借鉴民家建筑,这与"草屋风"自然朴素的哲学完全适应。然而,在样式和加工方式方面,茶室的窗户比以前的窗户要精致得多,也复杂得多。窗户内侧覆盖着白色的障子纸,通过白纸透过的柔和光线变得越来越重要,于是千利休很快便引入了深色的黏土墙,与障子的白色表面形成了鲜明对比。

茶室的窗户大多是长方形的,但在一些建筑中,会加入圆形和花形的窗户。圆形窗户经常出现在入口的旁边,例如在如庵茶室中,圆形窗户就与方形的躏口是面对面的。在某些情况下,它们也会在壁龛的后壁开口子,这可能是因为圆形窗户可以替代包含圆形元素的画轴。"圆"在禅宗佛教中被认为是虚空的象征,是宗教的核心意象之一。"'圆'同太虚,无欠无余。也就是说,巨大的虚空达到了自由的境界。在这里,虚空意味着原始状态的同时,也意味着无限的范围与不可扩展,但在任何情况下都不包含否定性。"虽然窗户的形式和布置看起来是完全自由的,但某些窗户的类型和标准已经在设计原则的基础上发展起来了:

1. 下地窗:从字面上理解是"地下的窗户",是通过去除上层的黏土盖使竹结构暴露出来而产生的墙壁开口。在大多数情况下,窗户的形状是一个圆角矩形,但许多圆形窗户也是这样的。下地窗是日本民家建筑中不可分割的一部分,它能为农舍提供充足的通风。

在早期的茶室中,下地窗是根据这种古老的方法建造的,但后来的窗户建造结构与墙壁不同。于是下地窗便分开建造,它们有自己的框架,只有在墙体建造结束后才会安装。这些窗户的设计非常仔细,以避免其底层结构会随时暴露在外。竹竿以不规则的图案单个或两两相邻放置,通过细藤蔓连接在一起。

90. 京都雪舟寺中茶室的圆形窗户
91. 盘珪永琢(1622—1693)的水墨画

---

① 详见《空间原则》一章。

窗户的里面遮有障子，外面的竹帘和百叶窗用来调节光照。主人在客人们都离开茶室后将这些东西移开，当客人返回时，看到的是全新的环境。障子是可拆卸的，也可以用钩子挂在墙上，同时又可以作为可移动元素。由于茶室内覆有黏土，遮去了很多建筑元素，因此障子的白色表面和窄木条作为可移动的地方，是室内的基本结构元素。

2. 连子窗：在日本建筑中，很早就出现了横截面上方形、垂直或水平排布的，对角线扭转的木格子窗。自平安时代起，它们一直被认为是地位的象征，只允许特定人的住宅里安装。当千利休第一次在待庵茶室中使用连子窗时，他用竹条取代了木条，因为茶室里的任何元素都不能带有地位的象征。由于其实用性，连子窗的运用十分常见，根据窗户的大小，通过打开或关闭障子和竹帘，可以很好地控制照明效果。一般来说，连子窗是每个窗口和门的小口的名称。但在茶室建筑中，只有用竹条制成的窗户才被称作连子窗。

3. 风炉先窗：位于风炉前方主人席一侧的方形窗户。常用的标准尺寸是 55 厘米 ×42.5 厘米，窗户底部边缘距离地面约 20 厘米。这种类型的窗户经常在小房间内使用，通过障子照射进来的光线在一定程度上缓解了墙上的窒息和束缚感。障子既可以制作成可移动的，也可以用钩子固定在墙上。然而，与其他类型的窗户不同的是，风炉先窗的障子永远不会打开或悬挂，因为摆在窗户前的用具在柔和的光线下效果更好。

4. 叠窗：这种类型的窗户由两个重叠的窗口组成，它的障子有两层障子纸，作为"色纸"使用。这种窗户通常作为主人一侧的窗户，出现在带有四分之三叠的房间里。上部的窗口通常是交叉矩形，制成连子窗，下部的窗户竖放，设计为下地窗。然而，这种安排并不是固定的，也可以是两扇下地窗重叠排列，或者是在连子窗上摆下地窗。

5. 突上窗：突上窗是天窗，在日出或日落的时候，早晨或傍晚迅速变化的光线透过它照进茶室。大小约为 40 厘米 ×55 厘米，通常设置在蹦口上方倾斜的屋顶上或者是主人席上方的天花板上，通过一根杆子支撑着，始终保持打开的状态，而这跟杆子有四种长度，用来对应不同的窗户高度。只有在长杆子的末端有特殊的金属钩子，形状似鸟。

92.从左上角顺时针方向分别为：百叶窗、下地窗、连子窗、叠窗

6. 墨迹窗：墨迹窗被称为是禅宗僧人的卷轴。在壁龛的侧墙上

93

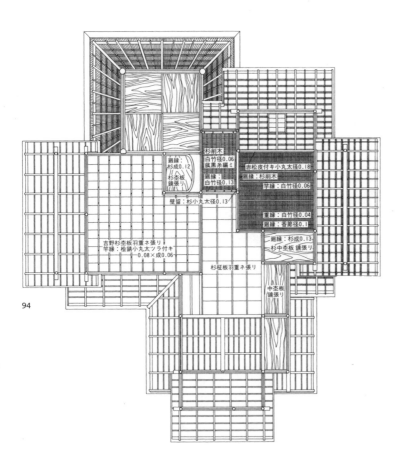

94

廻縁：
杉成0.12
杉杢板
鏡張り

杉削木
白竹径0.06
藁黒糸編ミ

赤松皮付キ小丸太径0.18
廻縁：杉成木
竿縁：白竹径0.06
重縁：白竹径0.04
廻縁：香節径0.1

廻縁；
白竹径0.13

壁留：杉小丸太径0.13

吉野杉杢板羽重ネ張リ
竿縁：桧鋸小丸太ツラ付キ
0.08×成0.06

廻縁：杉成0.13
杉中杢板 鏡張り

杉柾板羽重ネ張リ

中杢板
鏡張り

有着和它名字相同的窗户，它的作用是为壁龛中的挂轴照明，使挂轴有一个良好的视觉效果。在茶室的进一步发展中，随着装饰元素越来越重要，人们会用钩子把花瓶挂在这里。大多数情况下是做成下地窗，有时在需要光照时，人们会给它蒙上障子。

95

天花板

德川幕府统治下的日本封建社会受到严格的管理。从 16 世纪末开始，幕府规定了日常生活的全部细节，住宅的建筑类型也与居民的社会地位有着千丝万缕的联系。如果想要与社会等级相适应，住宅内部的设计就需要非常精细的区分，因此，不同的地板高度和天花板高度成了衡量一个人地位的重要标准：最低等级的是在地面上设一个木地板的区域，普通的榻榻米和增加的榻榻米区是按等级留给贵宾的。除了地板高度之外，使用的材料也至关重要。

由于无论客人的地位如何，都会在茶室里受到平等的对待，因此，在住宅设计中常见的不同地板高度在茶室中是不存在的，在茶道仪式中能让人想起外面世界的地位象征是多么重要。茶室也必须满足其他的要求，虽然在茶道的理念中，客人也有等级区分，但这种区分通常并不是取决于他们的社会地位。首位客人的角色可以由茶会中任何一位成员担任，唯一的条件是他要准确了解茶道的过程，因为他需要引导其他客人，并与主人进行高度仪式化的交流。为了体现这种精细的等级划分，天花板的设计被应用为一种新的区分等级手段：天花板的高度代表着客人的地位，人就坐在天花板下面对应的位置，头上的天花板越高，代表这个人越重要，因此，壁龛上的天花板比其他的区域略高，而主人席上方的天花板最矮。

特别是在较小的茶室中，人们希望通过不同的天花板高度、天花板的倾斜程度和不同的设计，创造出一种引人入胜的环境氛围，以抵消空间内物理上的狭窄和束缚感。因此在有限的空间内设计出了各种不同的天花板，这在日本的建筑中是独树一帜的。

茶室里的空间高度由专门的木材分割技术[①]进行调节，且它的高度取决于空间的大小，例如，三叠的空间大约高 2.19 米，四叠半的空间高 2.30 米，这样就可以将茶室的规格区分开，并将天花板的高度降至最低。作为经典茶室的先驱之一，武野绍鸥的四叠半茶室房间高度被限制在 2.12 米，然而在千利休的茶室里，房间高度甚至被降低至 1.80 米，这确保了在茶室里没有人可以直起身来。如果有

93. 京都高桐院中松向轩茶室狭窄空间内不同的天花板区域
94. 当代茶室的天花板展示了不同建筑的多样性
95. 天窗

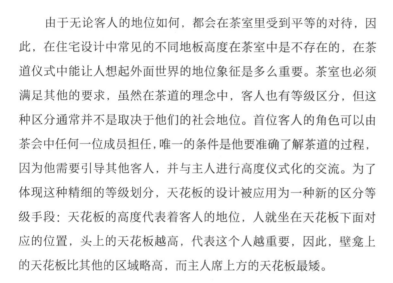

---

① 详见《草庵式茶室的发展》一章。

什么东西是在身体有效距离之外的，那么可以用膝盖跪着挪到那里。

与书院式空间内精细制作的天花板不同，茶室中的天花板设计十分简单。通常类似一般住宅建筑中悬挂着的天花板，但往往也会使用其他的材料，如木瓦、篱笆、竹子和芦苇，这与书院式建筑中华丽的木制方格天花板形成了鲜明的对比。从大阪水无濑神宫中设计的茶室可以看出对天花板设计的重视。由日本雪松木制成的交叉天花板横梁构成了格子天花板，然而它的格子并没有像书院式建筑那样装饰丰富，而是布满了不同类型的草和芦苇的茎干。整个天花板区域都展现出了纵横交错的图案，天花板占据了房间的主导地位，并为茶室提供了名字：在油灯中使用这些格子里的植物纤维作为灯芯后，茶室就被称为"灯芯室"。

在许多茶室里都有倾斜的天花板区域，通常从客人入口处的上方延伸到房间中央的上方，有助于空间上的视觉延伸。这些天花板不过是屋面的底面图，距离可见的竹制椽木大约 80 厘米，并用细竹竿和篱笆进行装饰。

悬挂着的天花板构造十分简单：天花板的板子上平放着细长的木条，用钉子固定在直角边木条的第二节。木条位于天花板板子的上方，依靠从屋顶悬挂下来的垂直的带子支撑着。天花板的中心取决于房间的大小，通常提高 2 厘米 ~3 厘米，以承受屋顶的重量，这些负荷可能导致支柱弯曲。支柱的第二节和悬架都是不可见的，尤其是在大型茶室中，给人以十分轻便的感觉，因为天花板似乎完全在细长的木条上。

茶室设计中有两种常用的天花板类型：第一种是由细木条构成"人"字形图案，而第二种则是由秸秆缝合在一起组成，并在细竹竿的帮助下固定在其所在的位置。

屋 顶

日本建筑中的屋顶是影响其建筑的决定性视觉元素。宽敞的屋顶悬面和屋顶重量（建筑物通常被砖瓦覆盖）使屋顶在日本建筑中占据着主导地位。其中茶室也不例外，这一点在被秸秆或稻草覆盖的建筑中显得尤为明显。相较于建筑的大小，屋顶厚实的外覆层赋予了建筑物巨大的立体感，但从功能方面考虑，屋顶也展现出了日本建筑的一大特点，作家谷崎润一郎将欧洲房屋的屋顶与日本"罩子"进行了比较，并向日本人说明了"罩子"的作用："当我们建造一栋住宅时，首先对屋顶的盖板进行预加工，并用它遮挡住地面上测

在完成屋顶后，任何内部构造的建造活动都在其保护之下进行。日本建筑有四种屋顶形状，皆可应用于茶室建筑之中，它们分别是双坡顶、攒尖顶、寄栋造和歇山顶。日本建筑中特殊形式的屋顶，通常覆盖缘侧处的空间，但这种屋顶在茶室建筑中非常少见。只在躏口上方才可能会看到它们，窗口上方偶尔也会出现这种顶，其目的是保护障子纸不会受到天气的影响。

屋顶结构设想得非常简单：在墙体结构的支柱上架着沉重的、从被粗糙削过的屋梁，这根屋梁承载着整个屋顶的负荷。一些较大的建筑需要多个屋梁，它们的末端相互交叠着排列。在这些屋梁上规则地分布着垂直的支撑元素，承担着屋顶结构中桁条和椽木的重量，在屋顶部分也摒弃了任何的对角线固件。

屋顶外覆层位于木板的上方，早前也会使用树皮、木板安装在椽上。瓦片要么覆在屋顶的桁梁上，要么嵌入水泥中，这虽然保证了结构的稳定性，却增加了屋顶的重量。虽然为了茶室能尽可能保持自然的特性，屋顶上往往覆盖的是芦苇、斑马草和木瓦，但也会使用日本建筑中其他常见的屋面材料，如砖瓦和铜板。通常情况下，建筑物的不同部分，如茶室、前厅、水屋，它们屋顶的外覆层是有区别的，每部分都覆盖着不同的材料。在屋顶悬面的区域，往往也可以看到材料的变化，例如，如果内部空间用的是砖头，那么上面延伸的部分就会选用木瓦。对半的竹竿可以充当屋檐，相较其功能，它在审美方面发挥着更大的作用。屋檐通过木制元素连接到椽木一半的位置，并用铜线固定在相应的位置上。

96

97

98

96.有"人"字图案的屋顶
97.日本最常见的屋顶形式
98.竹制屋檐——京都修学院离宫

露 地

> "露地是一条远离世俗生活的小道，它会将你的心从杂质中解放出来。"

——千利休

举行茶会的空间与人们日常活动的场所不同。露地是介于繁忙的日常生活和孤寂的茶屋之间的临时场所。漫步露地之间，在精神上就像是从城市到隐于山林深处的小屋的一场旅行。客人们在"旅行"的过程中必须越过一些障碍，有些障碍是物质上的，有些障碍则是抽象的。在越过每一道障碍时，这个过程都鼓励客人们将世俗的事情抛诸脑后，以逐步达到参加茶会所必需的精神状态。

16 世纪时，传统的露地与侘茶的概念同时发展，就像草庵茶室里的草屋一样，成了这种茶风中不可或缺的一部分。露地展现了日本园林艺术史上一个新的范例，与宫殿、寺庙和宅邸中的庭院不同的是，露地是从接待室或者缘侧的固定位置向外观察的，是一个可移动空间，因此，它是日本历史上第一个拥有如此功能的庭院。露地这个词的原意是"小路"，而它的前身与小路也并没有什么不同。它是由城市的居民设计的通往茶室的路，以这种方式通到单独的入口，这样设计的意图是不打扰到每家的生活。17 世纪末，在记载茶道的文字中出现了新的字母组合，作为露地的术语，虽然也读作"Roji"，却有着完全不同的含义，经过字面上的翻译，现在的露地是指"覆有露水的地面"或者"露水地"，这是源于佛教《妙法莲华经》的术语。妙法莲华经中说："出三界①火宅，露地而坐。"因此，它指的是人们在摆脱世界的诱惑后重生的地方。对这个词的解释凸显了佛教在茶道中的重要性，此外，露地这个名字也圆满地体现了露地湿润的环境氛围。为了表现出纯净与清新，主人会在客人到来之前用水喷湿露地。与此同时，他也必须考虑到仪式的时间，如果仪式在白天举行，必须提前浇湿露地，这样当客人到达时，水已经干了三分之一左右。而夜晚与白天不同的是，当石灯中的蜡烛照亮露地时，它从一个被水沾湿的空间变成了一个远离日常生活的虚幻世界。在一般情况下，露地可以说是日本最小的人工园林。由于茶师想要模仿从森林小路到偏远寺庙的氛围，因此不管其他的园

99. 那些进入露地的人是在进入另一个世界

---

① 佛教中的"三界"：欲界、色界、无色界。

100

101

艺惯例如何，在露地中是禁止修剪植物的。在植物的选择中，避免使用城市和平原地区的树木，从而尽可能完美地描绘出山中的自然天地。其中，常绿灌木和乔木优于开花的植物和茂盛的灌木，且很少选用芳香的、有毒的植物和带刺的植物。在露地中经常可以找到苔藓，至少在京都是这样的，因为它们的自然生长为露地的环境和氛围做出了重要贡献。

露地的历史发展

早在室町时代（1333—1467），露地就在茶会过程中发挥了重要作用：在宴会结束后，客人们来到靠近书斋的露地，在池塘边休息一下。之后，会将茶带到庭院中的亭子中。随着茶道的发展，这成了一种独立的艺术形式，而在茶室转变为独立的结构后，露地的功能也发生了变化，它必须保护建筑不被日常的喧嚣所打扰，并确保仪式可以慢慢进行，因此，这座建筑暂时会被缘侧和几个院子包围起来。由于没有关于早期茶室周围环境的图纸，这些组成部分的大小和布置至今也没被弄清楚。但同一时期的叙述为我们提供了大致的图景。其中，关于宗祇的下京茶室，有位客人写道："我参观了他的茶室，给人的印象的确就像是在山间隐居，这确实可以说是市中心一个隐蔽的角落。"在《山上宗二记》中人们可以了解到，村田珠光的露地里，"前院有一个大牧场，院墙上还有几棵高耸的松树"，而在武野绍鸥的露地里，"院子里和院子后面有许多大的小的生长着的松树"。同样在该作品中，有一幅武野绍鸥露地的插图，其中描绘了四叠半茶室周围的全部情景：茶室前的缘侧既是茶室的入口，同时也是茶道各个阶段之间的休息地。缘侧前的空间分为两个部分，分别具有不同的功能：面向缘侧的院子在小屋附近，这是一个用围墙围起来的内院，由于客人的注意力都集中在茶上，所以院子里没有任何引人注目的事物。第二处空地或偏院建有通往缘侧的入口。同样地，在进入露地之前，周围的墙壁，有时甚至是被覆盖的墙壁，充当的都是临时元素。穿过偏院，到达缘侧，从那里进入茶室。在后来进一步的发展中，缘侧和与之相关的前院被淘汰了。而偏院则变得越来越重要，它被逐渐扩大，最终发展为今天人们所熟知的露地。而缘侧的作用则被露地中用来等候的长椅所取代，从那时开始，这个用来等候的长椅成了茶道休息期间客人的等候区。

随着新功能的出现，露地的设计也发生了变化。在武野绍鸥时代所写的茶道手册中提到：一个四叠半小屋的露地不应该有植物、石头和沙砾，为了不让多变的设计在客人饮茶的时候打扰到他们，只允许在蹲踞周围放一些绿色的东西。在后来的封闭茶室中，客人们走神的风险几乎不存在了。从那时起，露地里开始允许使用灌木、

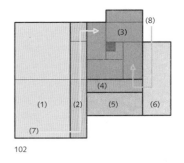

102

100. 过去人们从一个固定的角度来观察露地（京都灵云院——《都林泉名胜图会》中的木刻画）
101. 京都瑞峰院中重建的待庵内院
102. 早期露地的结构示意图：
　　（1）书斋
　　（2）门廊
　　（3）茶室
　　（4）缘侧
　　（5）内院
　　（6）偏院
　　（7）主人的通道
　　（8）客人的通道

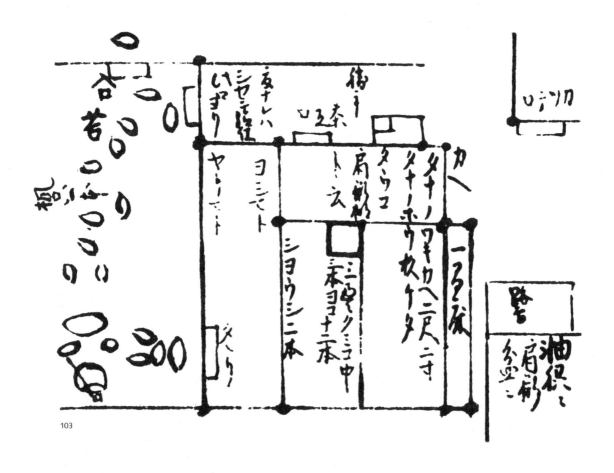

103

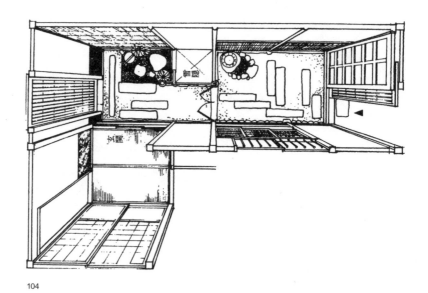

104

乔木和踏脚石，从而使客人们可以舒适地在庭院中漫步。同时也发展出了引导客人通过露地的技巧，突出了露地的走廊功能。最重要的是"隐藏与揭露"技术，通过它可以让客人们在不同的场景中游览。从游览中可以表达出客人们的期望：通过反复弯曲的路径来中断视野轴线，模糊整体的视线，从而形成一个注意力更加集中的状态。

随着武士和贵族逐渐掌控茶道，露地变得越来越大，并会用竹栅栏隔开，分为外露地和内露地。如果说千利休的露地仍然具有路径的主要功能，那么在武士贵族阶层的茶师手中，它又成了传统意义上真正的园林。小山、溪流和池塘等元素融入到了周围的环境中，到目前为止，周围环境里的所有元素都是通过植物来设计的。古田织部也非常重视茶室中个别元素的选择，因此他凭借不同的植物开发了多样的景致。相比较千利休尽可能保持天然形态的踏脚石，古田织部则是选择大的、形状特异的石头，因为他更偏爱于大块的、方形切割的踏脚石。小堀远州在此基础上继续发展，他被认为是利用精确切割的踏脚石将直线引入日本园林艺术的人。以前为建筑所保留下来的元素在日本园林近乎天然的设计中受到了抵制。古田织部和小堀远州凭借他们对布景元素的喜爱，开创了一种新的园林类型，在他们的影响下，露地成了可供来访者漫步的庭院，客人们在游览的同时还可以在露地的不同区域欣赏到中国和日本的著名景观。与以禅宗佛教为精神根源的露地不同，这种在江户时代（1603—1867）蓬勃发展的庭院是一个纯粹用作消遣的院子，而露地作为由武士、商人的宅邸和禅宗寺院组成的环境，经常被设置在建筑原有的空旷的角落里。因此，园林设计的主要目的在于压缩狭窄的空间。这一技术的使用使得从 17 世纪起，露地成了小型室内园林—坪庭的原型。大多数坪庭是建在小型基面上的，四周环绕着建筑物的其他部分，它吸收了露地中的许多元素。但是，尽管露地是与蹲踞、石灯和踏脚石一同使用，但坪庭具有其他功能：它并没有进入内部，只是从房子内部往外可以看到它的存在，它也是房间的光源与通风处。

103. 于1587年建造的茶室的设计图展示了露
　　 地中的基本设计元素
104. 坪庭是房间的光源和通风处

105

106

露地的组成部分

随着时间的推移，露地中的某些元素对茶会顺序产生了至关重要的影响。根据露地的大小和可用的方式等，茶会也会相应呈现出不同的形式。

外 门

尽管茶室倚主楼而建，但通常也只有主人从住宅通过走廊进入茶室，客人则通过单独的门进入茶室。从街上或者从更大的院子进入露地，因此，这里是从日常生活进入另一个世界的第一步。门后面是一座建筑，客人们在这里脱下他们的外套，换上足袋①以及草屦或木屐。

等待席

穿过外露地的小路就到达了等待席，这里是客人们坐下休息、等待主人的地方。虽说没有理由让客人等候，但茶室中的一切需要准备，而且这段等候有着更深层次的意义，可以用来进行冥想，客人们需要把忙碌的日常世界抛诸脑后，为即将到来的茶道仪式做好准备。很早以前，茶室前的缘侧被用作等候和休息的区域，随着露地的发展，等待席成了一个独立的元素，替代了缘侧的功能。在等待席的长椅前面有踏脚石，客人可以将脚放在上面休息，第一位客人的踏脚石在高度、摆放和设计上都与其他人不同，但在某些等待席中，所有的客人都使用一块长石。

踏脚石

踏脚石将露地的空间划分开来，达到引导客人的目的。最初是因为地面的泥泞而将其作为交叉路口的指示标识，直到在露地中出现，这些踏脚石才找到了它们的艺术价值。目前尚不清楚是从什么时候开始露地中需要用到踏脚石，但林家辰三郎、中村正雄和林家盛三的著作中注明它的第一次使用是在 1584 年大德寺千利休所设计的茶室露地里。露地小路上使用的石头可以根据它们的大小大致分为两种：一种是直径约 40 厘米的石头，可以一只脚踏上去；另一种是比它大将近一倍的石头，可以让人两只脚站上去。这些小路通常由相距约 10 厘米的石头组成，这比穿西服的人的步幅要小，与穿和服的人步幅相适应。只有在某些特定的点上才会使用较大的石头。四块石头的长度大约为 2 米。一般情况下，大的石头被放置在外露地，保持较大的间隔，较小、较窄的石头则放置在内露地。茶室前方踏脚石间的间隔越来越小，以至于客人离茶室越近，步子越小。有些

105.《都林泉名胜图会》中薮内流的露地概览

106. 客人们坐在等候的长椅上，直到主人来迎接

107. 北村邸的踏脚石将露地分隔开来，达到引导客人的目的

① 将大脚趾与其他脚趾分开的白色袜子。

108

109

110

111

石头专门用于特殊的用途：包括剑架、蹲踞和蹦口前面的石头，以及主人的石头。为了使整体的布置与环境相协调，要特别注意个别石头的形状、轮廓和彼此相对的侧面，如果两块靠在一起的石头不能满足设计要求，则在中间放置一块小石头作为视觉上的连接。对于石头边缘和地面之间的距离，还没有固定的规定，往往由个人的喜好决定，通常高3~6厘米。然而，一般来说，踏脚石是埋在地下的，不会给人造成是平放在地上的印象，而预期的效果是要给人以浮在地面上的感觉。排布时，首先将石头放在具有特殊意义的点上，如茶室前、石灯前、蹲踞处以及大门两侧，从角落的点上突出其粗糙的框架。只有在此过程之后，才会放置剩余的踏脚石。随着时间的推移，人们为踏脚石设计了图案，图案会根据石头的大小和排布有所不同。有些时候，人们会信赖随机事件：千宗旦从又隐庵的蹦口往屋子前面的露地里扔了一把豆子，以此确定了踏脚石的位置，成了著名的"分散的豆子"排列方式。

　　最初设计者们只是使用山上未经砍凿的石头，后来他们在设计中还运用了河里的石头和海里的砾石，形状特异的石头尤其受欢迎。露地的部分也被作为固定的道路，切割的石头和天然的石头之间的相互作用形成了十分引人注目的对比。如果一条小路在岔路口中断，或者在十字路口要朝着特定的方向走，就会在踏脚石上放置一块用黑色麻绳包裹好的小石头，虽然它又小又不起眼，但对于初访者来说却是难以逾越的障碍。

中 门

　　中门位于内露地和外露地之间，象征着在去往茶道的路上又迈出了一步，同时也到达了更深层次的意识形态。因此，中门通常不会是一个很强的障碍，但表千家茶道流派露地中的中门是个例外，它被建造成了类似于蹦口的门。中门可以设计成多种形式，从不完整的、插在地面上的细枝到京都武者小路千家茶道流派精心制作的梅右卫门都有这样的例子——一扇竹格栅门，位于用去皮的柏树制成的柱子之间，且带有雪松木瓦片制成的屋顶。

蹲 踞

　　蹲踞字面上的意思是"跪下的地方"。作为参加茶道之前客人进行仪式性洗手、漱口等净化行为的地方，蹲踞的起源可追溯到神道教的仪式化习俗。蹲踞的前身是会所中的手水钵，必要时可带至缘侧处，不用进入露地就可以使用。手水钵又高又大，符合贵族让仆人们卑躬屈膝地用竹舀将水浇在他们手上的习惯。而蹲踞作为露地不可或缺的一部分，变得越来越小，导致客人们不得不蹲下来洗手。

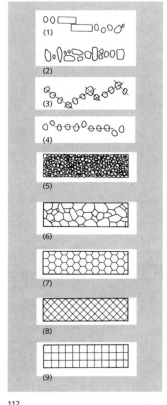

112

108. 京都北村邸的踏脚石
109. 京都北村邸中一块黑色麻绳包裹起来的石头挡住了小路
110. 中门位于内露地和外露地之间
111. 尽管中门通常不会形成过强的物理上的障碍，但表千家茶道流派露地中的中门是个例外，它和蹦口十分相似
112. 踏脚石和小路的形状
　　（1）木筏式
　　（2）七五三式
　　（3）雁行式
　　（4）三层排列，中间有单块的石头
　　（5）散石纹
　　（6）裂冰纹
　　（7）龟甲纹
　　（8）钻石纹
　　（9）棋盘纹

113

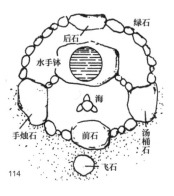

绿石

后石

水手钵

海

手烛石

前石

汤桶石

飞石

114

113.蹲踞是在茶道仪式前用来洗手的地方

114.日本园林书籍中对于蹲踞的描绘

115

116

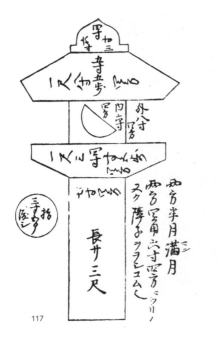

117

这个固定的设置至今仍在使用，也将会继续发展，包括蹲踞在内的整体布置，其本身就是一个手水钵。起初，蹲踞使用的是天然的石头，后来才出现形式上的设计。右边是一块平石，冬天在上面放置一只锅子，用来烧热水，左边是一个大石灯。蹲踞前摆放了一两块扁平的石头，以便洗手时能蹲在上面。在石头和蹲踞之间是一道"水门"，深入地面，里面装满了小石子和破碎的屋顶瓦片，用来接住盆中溢出的水[1]。

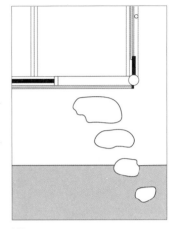

118

石 灯

石灯是通过佛教从中国和韩国被带到日本的，从13世纪起，石灯在佛教寺庙中被用作还愿灯，后来也在神道教的神社中使用。大约在1580年，京都一处墓地的石灯给千利休留下了深刻的印象，因此，他把石灯引入了他的露地之中。在桃山时代，茶道仪式经常在夜间举行，通常是通过悬挂的铁篮中的木材燃烧产生的火焰进行照明，但它的亮度与露地中柔和的氛围并不相符，因此采用了石灯作为它的替代品，起初，石灯中放的是油灯，后来换成了蜡烛，灯的开口用小纸门封住。石灯的使用是出于实用性的考虑，但很快就出现了新的问题，如果仍使用寺庙里那些被苔藓所覆盖的旧灯，随着茶室数量不断增长，很快就会需要制作新灯。因此千利休沿用了过去的设计，并保留了石灯在寺庙中最初的名字。后来，茶师们创造了属于自己的形式，并用设计者的名字来命名，例如"织部风格的石灯"，这种类型的石灯是直接立在地面上的，没有传统意义上的基座。

蹲口的区域

进入茶室前的最后一道门槛是蹲口，蹲口在大部分时间都是被屋顶悬面所覆盖的，不受雨水的影响。在这一区域前，露地中的小路分成了几部分：一条小路通向"尘穴"，另一条小路通向剑架前的石头，这块石头是为了能让客人把剑放在剑架上而设置的。架子是一个简单的木框架结构，由大约10毫米的木条组成，悬挂在屋顶的悬面处。在屋面下，几块踏脚石被放在覆有黏土的地面上，紧接着，在蹲口前面是一块高石，人们从这里进入茶室内部。在最后一块普通的石头之前，还有两块更矮的石头。这三块石头排列十分准确，其中一块可以用来收集茶室屋檐口的雨水。除了蹲口，一些茶室里还有一个为特殊客人准备的入口，打开这个入口的障子，可以通往茶室，它前面的石头要比普通客人的更高、更宽。

115. 石灯和蹲踞
116. 踏脚石一路引至蹲口处
117. 没有基座的织部风格石灯
118. 蹲口的区域

---

[1] 有理由相信，除了神道教和禅宗的原则，蹲踞中的净化行为也起源于基督教的洗礼仪式，这种仪式对许多茶师都产生了强烈的吸引力。

雪囲円之圖

一、序之円深廿九寸下壹寸おと自然ニ入ル

一、角之廣定挽遂ニ六寸深廿九寸プチラ女九ニプ分テ

マリ土ニテヌル

青葉ヲ六寸おト入ル

秋ハ紅葉ヲ入ル

下ニ青葉ニ網桶よりあり

ヘリニテ

ヨリ壹寸

ウタ名ク

コモリト

シヌル

カクト

結ヲスユ

ルキン

テガヒニドシ

浮

チガヒニドシ

浮円

幅時

柳

此青色ハ七青

浮好ハ大天八

す□方へ

"尘穴"

起初"尘穴"只是露地中清理垃圾的小坑，后来才成了仪式中纯洁的象征。在这里，客人们可以放下那些给心灵带来压力的事情。在客人到来之前，主人会在里面填满树叶和针叶，以展示露地的纯洁性。出于同样的原因，主人也会在露地中留下一把扫帚。而出于装饰的目的又形成了另一种布置，即在"尘穴"一侧放上一块石头，石头边靠着用来收集树叶的新鲜竹竿。"尘穴"的形式取决于茶室的大小，较大茶室的"尘穴"是方形的，而较小茶室的"尘穴"是圆形的。

厕 所

茶室中有两种不同类型的厕所，除了通常在茶室入口处附近的厕所外，在一些露地里还会有装饰过的厕所，且是从未使用过的，主人始终保持着它的洁净。客人们在露地中漫步时会对它进行仔细检查。在禅宗寺院里，清洁一直被视为精神纪律的一部分，从这个意义上说，"尘穴"和厕所展现了茶道的纯洁和完美。在理想的情况下，厕所建在稍远离其他建筑物的地方，被灌木丛或竹子遮住一半。如果说在建造茶室的过程中经常选择使用过的梁和竹子，那么在建造厕所时则只使用新的木材。

119. 日本园林书籍中对厕所的描绘

120

"大约在公元前 300 年，中国有一位药师，他了解八万四千种草药的作用。临终前，他将其中六万两千种草药的效用教给了他的儿子，而剩下的两万两千种则永久失传了。然而，后来从他的坟墓中长出了一种植物，结合了这两万两千种草药的力量——这就是茶。"①

日本茶文化的开端

在日本还没有发展成今天流传下来的茶道形式之前，饮茶的习俗就已经产生了。它在历史上发展的起点是中国佛教寺院中的茶仪式。通过茶师们的努力，最终形成于十五或十六世纪。而家元制度②的传统使这一文化遗产延续到了今天。几个世纪以来，日本与中国在文化发展中紧密相连，皇宫内的茶饮也由中国的仆从负责。日本最早对于茶欣赏的证明可以追溯到奈良时代（710—794），然而在那个时代的社会环境中，对于饮茶的支持可谓少之又少。根据平安时代早期的诗集记载，喝茶是贵族的休闲娱乐活动，首选的场所是在户外一个宽敞的花园里，在池塘边搭起折叠椅，还伴随着十三弦筝③的乐曲。

在平安时代早期，前往中国学习新知识的佛教僧人在茶文化传播中发挥了重要的作用。像最澄、空海和永忠等僧人在南朝的禅宗寺庙里了解到了茶道，在茶道仪式中，人们聚集在菩提达摩的画像前，霍斯特·亨曼描述了那一次的茶会："在菩提达摩的纪念会上，画像前的桌子上摆着香、花和蜡烛。进入房间后，方丈敬香，向菩提达摩的画像三鞠躬，并站在了合适的位置上。然后，向菩提达摩提供糕点和茶水。随后，一名僧人从桌上拿起糕点递给方丈。方丈拿了一块，然后把糕点传给聚集在一起的僧人。等到每个人都吃完后，方丈向菩提达摩奉茶。方丈喝完茶后，将它传递下去，每一位僧人都要喝。这些都结束后，方丈站起身来，第一个离开房间。"

907 年，唐朝结束了它的统治，日本也结束了与中国的互惠外交关系，平安时代的贵族对茶失去了兴趣。虽然茶并没有被完全遗忘，但喝茶的习俗暂时只在寺庙中保留了下来，它被佛教僧侣当作药物使用，或用来缓解长时间冥想而产生的疲劳。但当茶在宗教仪式结

121

122

120. 樱花节
121. 菩提达摩像
122. 京都建仁寺中为茶道准备的茶具

---

① 中国茶树起源的传说。
② 家元是茶道流派的领导者。
③ 日本的弦乐器。

123

束后出现在正式的宴会上时，也在精神方面继续发挥着它的作用。
宫廷和贵族权力的削弱为武士和军队阶层的执政铺平了道路，1185
年，源赖朝在镰仓建立了他的军政府，取消了对京都天皇和宫廷的
控制。1192 年，皇帝授予他幕府将军的最高军衔，自此开创了双重
统治模式。直到 19 世纪下半叶，日本真正的权力终究掌握在幕府将
军和他的家臣手中。

在很短的时间内，茶道就为新兴的武士阶层所熟知，他们非常
欣赏禅宗寺院中严格而规范的生活。为了寻找一个与宫廷贵族不同
的文化基础，他们接受了来自中国宋朝的文化：接受了宋朝的法律
制度、政治观念和宗教流派，最重要的是吸纳了宋朝的茶道文化。
14 世纪下半叶，在一封关于喝茶的信件中描述了在寺院之外烹茶的
过程，其中仍借鉴了许多寺院中烹茶的步骤。客人们在聚集的房间
里饮用清淡的米酒和茶，去往茶亭饮茶之前先在露地中散步。"这
是一座华丽的亭子，有两层，高而平，四面开放，拥有良好的视野。
虽然它是一个茶亭，但它可以用来观赏月亮[①]。"亭子的楼上是一
个画廊，可以看到周围美丽的景致。京都的金阁寺和银阁寺可能也
是因此目的而建造的。京都高台寺中的时雨亭展现出一个特殊的理
念——使亭子看起来十分朴素。武士们使茶脱离了宗教的语境，使
茶能适应他们的仪式和比赛。就这样，日本的茶艺比赛发展了起来，
这与平安时代贵族安静的休闲娱乐活动形成了鲜明对比，这些比赛
在豪华的场所进行，并为胜者开出价格高昂的奖品。

"客人们进入茶室，在主墙上挂上佛陀像，这幅画像出自名家
之手，展示了佛陀的教义。有时也会挂一张观世音菩萨像。前面的
桌子上铺有一条锦缎，上面放着用来盛装花束的中国青铜器。同时
还放有香炉和茶瓮。在房间西侧的供桌上有少许水果，北侧则摆放
着即将分发的奖品。中间置有锅炉，里面是煮沸的开水。客人们在
铺着豹皮的座位上坐下，房间的推拉门上装饰着各式各样的中国画。"
然而，这些比赛并不都是在室内进行，就像《太平记》中对樱花节
的描述那样："在茂密的树荫之下，拉开帘子，将椅子排成一排，
准备好各种稀有的菜肴，品尝上百种原产地和品种不同的茶，还有
堆积如山的礼物。"

茶艺游戏不仅符合富有的武士阶级的喜好，也受到士兵和贫困
阶层的欢迎。因此，对于茶的追捧不再仅存在于贵族、僧侣和富有

123. 京都高台寺中的时雨亭

---

① 在日本，赏月一直被看作是与自然有着特殊联系的艺术表达。

124. 京都金阁寺

125

126

的武士阶层中，而是在各个阶层的人群中变得越来越普遍。1403 年，位于京都南部的东寺寺庙编年史中提到了寺庙门口有个摊位，以一杯一杯的形式供应茶，从 1433 年起，在寺庙的墙边又出现了另一个摊位。这个习俗很快就拓展到了京都的所有大型寺庙，就这样，越来越多的人开始熟悉茶这种饮品。在公共场所摆茶摊的小商贩们都得到了广泛的支持，15 世纪中期，这样的摊位在京都十分常见。茶以"一碗茶一个铜钱"的形式出售，铜钱是当时硬币中面值最小的一种。

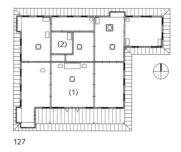

127

会 所

在室町幕府时代，上层宅邸大多装饰有来自中国的艺术品，而在茶会的背景之下，也使用了源自中国的瓷器。这种"对来自大陆物品的偏好"显然是由于僧人们频繁往返中日之间，受到了禅寺中正规茶道的影响。僧人们因宗教目的带回日本的物品，如禅宗大师的肖像和书法、单色的山水画、茶碗和其他一些礼仪性的物品，脱离了宗教意义，成了美学研究的对象。它们被鉴赏家赞赏，也有很高的收藏价值。随着时间的推移，藏品越来越多，那些多次前往中国，具有艺术方面相关专业知识的僧人被聘请为茶专家，他们的任务是对藏品进行分类，并从大量的进口艺术品中筛选出最有价值的作品。作为禅宗僧人，他们熟悉仪式中茶具的使用，因此仪式中的烹茶的工作也属于他们的职责范围。他们认真对待茶道的过程，制定了茶室中的行为准则，并确定了艺术品的展示方式。他们会应对新的建筑条件，从茶道仪式开始，便不再在露地的亭子里举行和歌①和连歌②会，而是在别墅和宫殿的集会场所内举行。该建筑通常分为南边的公共区域和北边的私人区域，南边的三个房间构成举行茶道和茶艺比赛的客房。北边是烹茶的房间，里面有一个架子，就在这里为茶会准备茶点。由于房间里有一个火炉，上面置有一只水锅，用链子吊在天花板上，所以这里也称为链室。它位于从属的位置，有时甚至要比地板矮上一阶，以避免下级阶层的成员碰到它。茶专家在这里将茶备好，然后提供给集会场所中的主人和客人。备茶室和茶室之间的绝对隔离被称为"已经打好的茶的供应"，这是早期宫廷茶一个突出的特点。

125. 会所中的中国式茶会
126. 茶商——狩野正信的画卷
127. 足利义教室町殿内的会所：
　　（1）朝南的客房
　　（2）备茶室

---

① 有31个音节的诗体。
② 诗体，字面意思是"连起来的诗"。

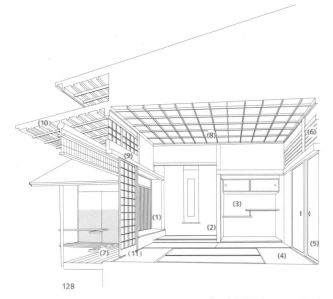

128

129

自室町时代（1333—1573）早期以来，平安时代的神殿建筑经过适应，发展成了一种新的建筑风格，随着书院式风格的出现，建筑也发生了根本性的变化，引入了很多的建筑元素，这些元素至今仍然是日本建筑中的特色。书斋接替了神殿中的会所成为武士宅邸中最重要的场所，人们通常会在这里接待客人，也会在这里举行茶会。书院式建筑的命名源于 "书案"，它是一块在半透明移窗前的夹室中的木板。也被称为"传播文字的书桌"，实际上起源于僧侣们的文书室，随着时间的推移，书案成为每间书斋中的固定组成部分，并用它的名字来给这种风格命名。

书院式建筑与流行的神殿风格间的根本区别在结构体系中已经很明显了：在神殿建筑中仍然使用圆形的柱子，但在书院式建筑中柱子的横截面则是方形的，经常有被切去或打磨过的痕迹。这种柱子和长押一起，划分了墙面，并形成了一个范围，清楚地展示了建筑的结构体系。另一个变化则是引入了悬着的、装饰华丽的格子顶，这是大多数开放的神殿建筑屋顶上没有的。覆有不透明纸的袄将内部空间分隔成单独的空间，外面封闭的半透明障子可以通过沉重的木板保护书斋不受大风以及天气的影响。袄上方的墙体区域被设计为可透光的格子窗，有时装饰有精致的雕刻。

在书院式风格中，榻榻米第一次将整个屋子的地板全都覆盖住，自此，根据席子的数量来表示房间大小的情况就十分常见了。壁龛是在书院式风格中发展出的另一个元素：它是一个稍微凸起的夹室，用于展示香炉、鲜花和挂轴，旁边经常摆放着一个带有交错隔板的格橱。

随着书院式风格的出现，日本建筑中形成了一个合理的规划，根据基本的技术规划材料、绘制图纸、计算费用以及招标。在此之前，设计图纸只包括简单的平面图和施工说明，从未事先设计轮廓、画剖面图和制订详细计划，建筑元素的尺寸也主要是根据建造者的经验确定的。详细计划下的第一步是运用剖面图，引入木材的分割体系：

这是一个木建筑的标准数值体系，它确定了每个个体元素的大小，并根据建筑的尺寸和用途而有所不同。到了室町时代末期，该体系已经取得了较大的进展，很多纲要中采用了这个体系中确定的尺寸。

128. 书院式建筑中的创新：
　　（1）书案
　　（2）壁龛
　　（3）格橱
　　（4）榻榻米
　　（5）袄
　　（6）格子窗
　　（7）缘侧
　　（8）格子顶
　　（9）长押（上门框上的装饰用横木）
　　（10）"斜"屋顶
　　（11）障子
129. 书院式风格开创了新的装饰空间：
　　花道和水墨画取代了平安时代的挂轴

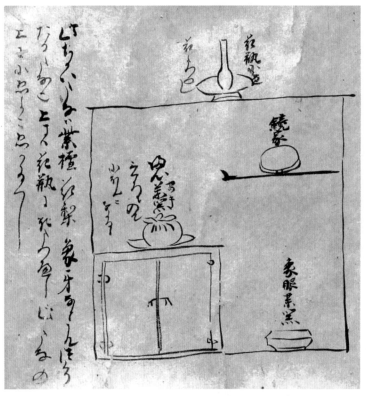

130

书院式风格以及壁龛、格橱等元素的发展开创了新的装饰空间。花道和水墨画等新的艺术形式取代了平安时代的画轴。"在壁龛中总是挂着两至三幅与内部相关联的画轴。画轴前摆放着香炉、花瓶和烛台。桌子对面是一扇凸出的窗户，桌子上有笔、墨、砚和笔洗。壁板展示了许多不同类型的香炉和其他有鉴赏价值的物品。"在书院中举行茶会之后，这些创新应该会对后来的茶室产生重大影响。在茶室的壁龛中，花的布置和书法的使用可以追溯到书斋空间的设计。

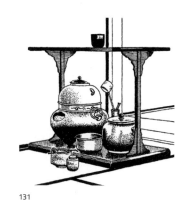

131

茶道不断出现新的追随者，并成了一种独立的社会艺术形式。禅宗寺院的茶道基本规则、对中式器物的偏好和书院建筑内部空间的结合，形成了最古老、最正式的茶道形式，而武士阶层中高级别的成员主要运用室町幕府的领地举行书院式风格的茶道仪式。使用的茶具无一例外都是来自中国，按照固定的排列方式放在一个特殊的便携中式漆制茶具架上呈现给客人。后人将茶具架的使用与书院式风格的茶道等同起来，即使是在今天，在最正式的茶道中仍然会使用茶具架。直到现在，一间接待室都可以用来烹茶和饮茶，随着这些仪式变得越来越重要，一些空间被专门用于茶道仪式，其中最重要的一个元素是地炉，它专门用在茶室之中。此前，这些木炭炉仅放置在主屋中，从未放在接待客人的房间里。在寒冷的季节里可以将它拿到茶室，使用后再拿走。将炉子移到客房内，使用可移动的茶具架，并用茶具装饰房间，这是茶室建筑发展的关键性步骤。壁龛、茶具架和地炉等元素为茶道创造了一个新的环境。

茶室中第一个特殊的例子是足利义政将军东山殿东求堂中的同仁斋茶室，现在属于位于京都西北部的银阁寺中的一部分。这个四叠半的空间建于 1486 年，当时的书斋布置得越来越华丽，装饰也越来越丰富。然而，同仁斋仍然是按照简化的书院式风格建造的，带有格橱和书案，但是没有壁龛。近期的修复工作发现了一处铭文，表明它是个"带有地炉的房间"，同仁斋是被发现的第一间茶屋，也是其余茶室的前身。由于它被认为是第一个用半叠来定义大小的空间，所以具有十分重要的意义。在此之前，只使用一叠。对比榻榻米席子来说，引入更小的计量单位表示在 15 世纪的日本，一种精致的空间感将会发展起来。

130.茶具的摆放（源自《关于室内设计和用具的记录》）
131.可移动的茶具架至今仍会在正式的茶道仪式中使用

茶道对统治阶级的巨大吸引力也对其他阶层产生了影响，虽然他们无法拥有相同的社会环境，但他们仍然想模仿武士贵族所制定的礼仪。他们会在更小、布置没那么华丽的空间内举行茶会，这些空间与他们的社会地位和经济水平相符合。但即使是富有的武士，

132

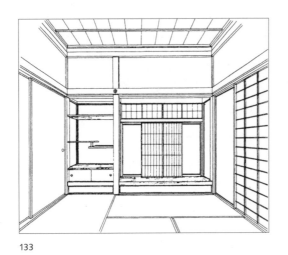

133

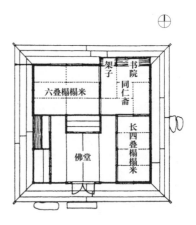

也使用了较小且不够正式的空间，他们也想和少量的客人一起，创造更舒适的氛围，然而一些书斋的大小超过十八叠，通过活动的隔板将部分空间隔开，从而形成较小的区域，一般是五至六叠左右。从这些被隔开的空间开始，朴素的茶室可以发展为独立的建筑结构。这些活动隔板的名字叫作"kakoi"，是用来表示那些没有独立，附属于住宅或寺庙建筑的茶室。

村田珠光与侘茶的开端

> "此道最忌自高自大、固执己见。嫉妒能手，蔑视新手，最最违道。"

村田珠光（1422—1502）被认为是日本茶道真正的创始人。他在奈良一个富有的商人家庭中长大，通过茶专家能阿弥的介绍了解了茶道的形式，并在室町幕府的宫殿中进行了实践。20岁时，他成了京都大德禅寺方丈一休宗纯（1394—1481）的学生，一休宗纯根据"佛法存在茶汤中"的信条烹茶、练习茶道技术，这是禅宗寺院中的惯例。在这种影响之下，村田珠光简化了正式的茶道过程。他批评了在茶道过程中加入奢华的活动这一现象，并反对人们使用珍贵茶具，他本着禅宗哲学的精神开始研究茶道，反复强调禅宗和茶的统一。他的想法是，不再通过茶专家，而是由主人自己烹茶，为客人们服务，以便能在所有参与者中建立起纽带，这就像是在公众面前进行一场演出，这与大型书斋中的茶道仪式形成了鲜明的对比。

在写给自己最喜欢的学生古市播磨的信《心之文》中，他阐述了茶道的概念和他的美学观点。他把茶道看作是一种方式，一种把人塑造成一个整体的方式，只有在具有献身精神、有一颗纯洁的心、没有自私情感的情况下才能进行茶道仪式。根据村田珠光的观点，主人应该把自己的全部身心都奉献给客人，这一点至今仍然是茶道的核心。茶道过程的变化伴随着茶道美学的根本转变。村田珠光不仅使用中式的茶具，也使用源自日本的茶具。他在信中也谈到了这一点："重要的是，这条路模糊了日本和中国之间的界限；这一点人们首先要牢记。"对他来说，中日物品的融合带来了一种新的美，一种不同于审美趋势的融洽。备前烧和信乐烧中素瓷的出现引发了一种趋向，从欣赏来自中国装饰华丽的物品起，开始欣赏简单的原生事物中半隐藏之美。从这一点上来说，这种新的侘美学不仅影响着茶道的所有元素（包括从茶碗到茶室），而且也成了日本美学决定性的组成。村田珠光更喜欢较小的结构所构成的氛围和舒适感，

132. 京都银阁寺中的东求堂
133. 东求堂中的同仁斋被认为是第一间茶室。图为同仁斋透视图和平面图

129

134

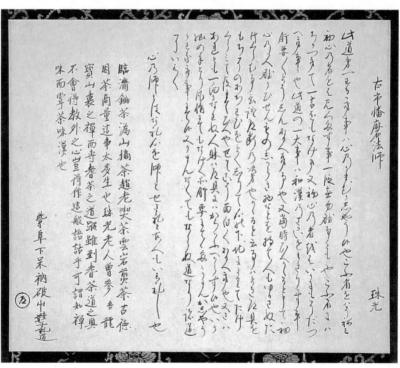

135

因为在他看来，只有这样才有可能通过茶这种媒介进行交流。这种偏好成了所有后续发展的基本原则：为了给茶道仪式创造一个更安静的环境，他建造了四叠半的空间，并将其演变为标准。村田珠光是第一个为茶道设计专门空间的人。像同仁斋这样的空间也可以用作等候室或客房，所以对村田珠光来说，茶室并没有什么其他的用途。在茶道经典《南方录》中，南方宗启①描述了村田珠光的茶室："这种大小为四叠半的茶室内部糊着明亮的纸，配有用松木板制成的简易天花板，以及覆有狭窄的木瓦片的攒尖顶。在六尺宽的壁龛里，挂着中国禅宗大师圆悟克勤的书法作品。在榻榻米中，他凿了一个装饰着漂亮木框的地炉。"

茶室榻榻米的布局，受到了佛教的很大影响。村田珠光将茶道从书斋搬到了由隐士小屋改建的茶室，创造了最初的侘茶形式。为了使茶道能够发展起来，无论物质条件如何，最重要的都是获得知识和技能。村田珠光创立的茶道形式对上流社会的茶道影响不大，然而，他受到了那些在室町时代末期才发迹的商人阶层的欢迎。

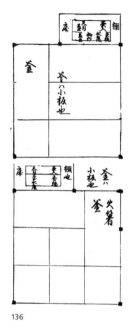

136

宗祇与下京茶道

由于商人阶层的日益壮大，他们开始需要谈论商业及政治的场所，于是他们在家里设立了接待客人的场所。这些场所要么是主屋内的独立房间，要么是位于住宅后面花园里的单独建筑。这些建筑的模板是小型的茅舍，从 15 世纪开始，富有的商人们就在他们的土地上建造了这些小屋。这些小屋脱离主建筑而存在，被用来举行纪念仪式和其他佛教仪式。早期的例子是三条西实隆的小屋，他是那个时代最重要的文化领域代表人物之一。1502 年，他买了一间六叠的屋子，搬到了位于京都武者小路街上的房产中。他把小屋缩小到了四叠半的大小，摆上石头，种上树木，用木栅栏将这些石头树木围住，作为修养的场所，以便他能在这里继续学习。这个屋子是以它在整块地上的位置来命名的，即"角屋"。地板上铺有榻榻米、装饰板，架子后面的墙壁上覆盖着印有普通中式木纹图案的纸。像这样的建筑远离日常生活的干扰，在这里，茶道可以在不受到任何打扰的情况下进行。

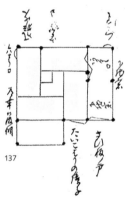

137

134. 村田珠光的画像

135. 江户时代的《心之文》副本。在村田珠光写给他最喜欢的学生古市播磨的信《心之文》中，阐述了茶道的概念和他的美学观点

136. 《茶的文字》中所记录的早期四叠半茶室被认为是能阿弥的作品

137. 榻榻米的布局

村田珠光的学生宗祇（1421—1502）是所谓的"下京茶道"的中心人物，他也像他的老师一样，对小茶室有着偏好，并在其位于四条街北侧的住宅后建起了一间茶室，由一间四叠半的房间和一间

---

① 南方宗启是来自堺市的一个富有商人，也是千利休的学生。

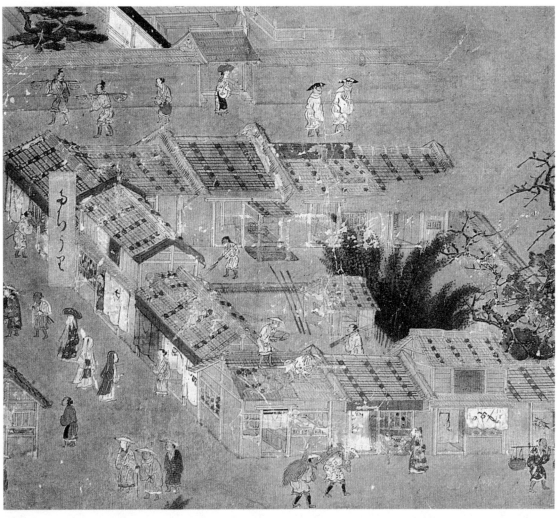

138

东

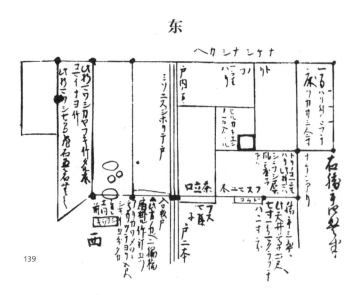

139

西

六叠的房间组成。在参观了宗祇的茶室后，他的一个同时代人写道："周围的环境给我留下了深刻的印象：虽然在城市的中心，却让我有一种身在乡下的感觉。宗祇应该被称为真正的隐士，他无疑是目前茶艺的推动者之一。"这座茶室叫作"向着午后松树的小屋"，被认为是草庵茶室和草屋风格的原型。小屋内这种幽静的氛围变成了一种趋势。例如，著名的音乐家和诗人丰原统秋在他的住宅中的一棵松树下建造了一间四叠半的小屋——"山村小屋"，并在他的诗句中唤起了人们对大城市中的孤独的向往：

"即使是在山里，
我的痛苦也没有消失，
而我的避难所
是城市中，
松树下的那间小屋。"

他的意图是很明确的：小屋是他日常生活中苦痛的避难所，是一个看似遥远的藏身处，也可以拉回自古以来就存在于亚洲的向往。那些远离尘世，隐居在山里的隐士们，也是这样一个形象。城市里的人们从未真正想过放弃快乐的城市生活。相反，他们试图创造一个有着山间环境氛围的场所，同时又不用放弃舒适的城市生活。村田珠光在侘的哲学中有这样一句格言："没有一点儿云彩遮住的月亮没有趣味。"这体现出侘美学内部必要的对照性：只有在与富有的城市生活的对比中，"山间小屋"才能体现它的意义，一间真正的、遥远的山间寒舍是毫无意义的。后来，这种美学也被军事统治者所采用——在一座多层加固的城堡底部，草屋间的对比可能要明显得多。

138.京都繁华的下京区中心有一座
"隐士的小屋"
139.松谷茶室的地形图

武野绍鸥与草庵茶室的典型

1550年前后，葡萄牙商人的登陆进一步扩大了中层阶级。这些商人在与欧洲的贸易中获益匪浅，他们享有此前贵族和上武士阶层所保有的声誉。16世纪中期，在商人阶层的支持下，茶道得以发展成群众性的活动，茶师首次有了通过授课来谋生的可能。贸易中心是位于京都旁边，大阪附近的港口城市——堺市，它在室町和桃山时代大约两百年里从一个小渔村发展成了一个繁荣的贸易都市。堺市是外国商品和观念的转运枢纽，居民们以它们的品位和华丽的联排别墅的装潢而闻名。在这样的背景之下，源自下京的草屋也开始被堺市所接受，在那里，它逐渐发展成为传统茶室的典型。葡萄牙耶稣会士罗德里格斯神父在《日本教会史》中写下了他的观察：

"如我们所知，一些堺市的居民们在烹茶艺术方面很有经验，他们会用不同的方式建造茶室。这些茶室较小，位于专门种植的树木之间，在小型空间允许的范围内，他们模仿了乡下偏远地区的房屋和隐庐的风格……为了适应屋子的大小，他们放弃了许多茶道通常所需要的用具，并改变了规则和步骤，这些都是为了让茶道与新环境更加契合。在市中心的这些小茅屋里，他们通过茶进行消遣娱乐，城市周边缺乏安静和轻松的场所，在这里他们找到了补偿。从某种程度上来说，这比真正的孤独要好，因为他们可以在市中心享受这种氛围。他们把这种茅屋称为'shichu'或'sankyo'，指的是公共场所中一个偏远而僻静的住所。"

武野绍鸥作为村田珠光之后侘茶风格的继承者，为经典茶艺下一阶段的道路做了准备。他来自堺市的一个商人家庭，起初完全致力于诗歌艺术的研究，这给了他接触宫廷文化的机会。他最初按照村田珠光的理论举行茶道，但由于他的茶师修行禅宗，武野绍鸥也沉浸在了禅宗的教义之中。他十分重视主客之间的敬畏和尊重，并在茶道中制定了一期一会的规则，即"当下与现在"，这是一种觉悟，茶室中的每一次聚会都是独一无二，无法重复的。在给他的学生千利休的信中，武野绍鸥这样写道：主人应该做到在心中真正尊重客人……即使是在一般的茶道仪式中，从人们进入露地的小路开始，一直到最后，主人都应该表现出尊敬，要像那是唯一的一次会面那样。在寻找"与侘茶哲学相适应的美丽"的过程中，他比他的前辈们走得更远。他具有非凡的感知能力，能在平淡的外表之下找到美。武野绍鸥拒绝所有名声极响的茶具，因为茶室里的一切必须保持匀称、和谐。在拒绝产自中国的装饰丰富的茶具这一点上，他追随了他的榜样村田珠光："在茶会上只选择使用有名的中式茶具是非常不合适的。茶爱好者会选择被别人丢弃的器具来作为茶具，对于我的追随者来说尤是如此。那些爱茶的人首先要为隐士的侘观念而奋斗，理解佛陀教义的含义，感受出诗歌的意境。这条路上布满孤独，追求美丽的人削弱了它，而追求粗野的人则侮辱了它，应该记住，这两者都是对它的阻碍。"

　　他在四叠半的大黑庵中应用了侘的美学原则，简化了茶室以及越来越多的茶具。房间的三面被没有窗户的墙围着，第四面可以通过打开障子进入缘侧，从这里可以通到北边的露地。由桧木制成的方形柱被切去一角，房间中央的火炉被嵌在地板中。值得注意的是，根据描述，门楣的高度"低于平常的高度"，也有资料说客人必须从缘侧爬进武野绍鸥的茶室。这种微型的门成为茶室的基本特征之一，后来又通过蹦口进一步强化了这一特点。在入口前方是可以卷起的竹帘，用来调节房间内的光照程度。武野绍鸥四叠半的空间概念通过对所有尺寸、比例和材料的仔细调整，成了后来茶师们的模板，文字记录证明了在堺市经常有人模仿这种空间形式。虽然书院式茶室中的一些元素，如方形柱和纸覆墙仍在使用，但武野绍鸥的很多创新已经形成了新的建筑风格。随着黏土和竹子这些来自乡村建筑、从未在上层建筑中使用过的建筑材料的应用，最终由武野绍鸥的学生千利休完成的草庵茶室已经显示出了其基本的轮廓。

140

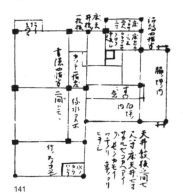

141

140.武野绍鸥的画像
141.武野绍鸥的茶室，山上宗二的图纸

142

> "在千利休被称为真正的茶道大师后，他把高山看作是山谷，并调转了方向。他打破了茶道的传统惯例，创造了新形式。不管他做什么，结果都会非常有序。只有具有高水平或高艺术性的人才能做到这一点，这样的茶室对千利休这样的专家来说是有意义的，对普通人来说则是没有用的。"

——千利休的学生山上宗二

茶道与权力结构

16 世纪中期，日本发生了无数内战。室町幕府衰落，出于对权力的要求，众多当地有影响力的大名取而代之，他们相互发号施令。随着大名织田信长（1534—1582）、丰臣秀吉（1536—1598）和德川家康（1542—1616）的出现，国家实现了统一，并开始了一个长期和平的时代。织田信长是茶道的支持者，因此他聘请了三名来自堺市商人阶层的茶专家作为茶师。由于他的聘请，茶道成了一种全国性的仪式，同时这也成了满足他的霸权愿望，达成政治共识的一种手段。在室町幕府时期奠定了茶道的基础后，由于得到了新的支持，茶道规模扩大。许多大名，其中包括后来最为著名的茶师——小堀远州、片桐石州、松平治乡和井伊宗观，看到了培养领导人的必要。茶道被认为是人们交流和心灵培养的媒介。织田信长的继任者丰臣秀吉继承了他对茶道的热情，并进一步将茶道推到了文化生活的中心。1585 年，在丰臣秀吉登位不久后，就建造了一座可移动的黄金茶室：虽然这只是一个三叠的小空间，但它的内部均以黄金筑成。除了白色的茶巾、茶筅和木制的舀子，所有的器具都是金子制成或镀金的。榻榻米上铺着红色的地毯，这是其内部特有的非日式元素。由桧木建成的建筑是在没有钉子的情况下建造的，因此，这样的茶室可以轻易地搭建和拆除。它被保存在大阪城里，只在特殊场合才会搭建起来。

例如，在 1586 年，它被运送到京都的皇宫里，丰臣秀吉在那里为天皇侍茶。在北野大茶会①中，黄金茶室作为最重要的建筑被搭建在神社的中心。黄金茶室大约在 1615 年被毁，而今天在大阪城博物馆和热海艺术博物馆内展出的是复制品。从 1587 年 10 月的北野大茶会中可以看出丰臣秀吉对茶道的重视。所有阶层的茶爱好者都被邀请参与了这次茶会，茶会为全国范围内的民众提供了机会："根

142. 大阪城博物馆内重建的"黄金茶室"

---

① 该活动以京都一神社的集会地点来命名。

143

据天气情况，从十月份的第一天起，北野的森林将举行为期十天的大型茶会，按照规定，要将有价值的茶具无一例外地搜集起来，在茶会上展示给茶爱好者。如果你喜欢茶道，不论你是年轻的仆人、商人还是农民，你都应该带上煮水壶、水斗、茶罐和一些喝的东西。如果你没有茶粉，也可以使用烧过的大麦粉……即使是特别贫穷的人，不管他出身如何，都能得到丰臣秀吉亲手奉上的茶。"

当时建造了约八百个茶屋，同时代的人指出："阅书室和松梅院之间没有空余的地方。"除了不同茶室的变化，建筑茶室的主要方法也被记录下来：茶师之贯制造了一把伞，它的影子将茶室中大约两叠大小的空间分隔开来。丰臣秀吉展示了他最珍贵的茶具，根据开始时的形式，执政者和三个茶师进入茶屋，这间茶屋在早上接待了八百位客人。在没有特别理由的情况下，原定为期十天的活动在第一天之后因官方原因被取消，而官方给出的原因是丰臣秀吉必须马上去帮助他的盟友。除了对奢华和权力政治方面的偏好外，丰臣秀吉也是侘茶的追随者，这可能是源于他贫穷的出身，也可能是受到他的茶师千利休的影响。

在丰臣秀吉去世后，德川家族开始崛起，并统治了日本，一直到 19 世纪下半叶。而德川幕府是由在 1603 年通过天皇获得幕府将军称号的德川家康创立的。到 1616 年他去世时，已经为持续 250 多年的内外和平奠定了基础。然而德川家康并不相信茶道哲学，茶的运用和与他敌对的丰臣家族有关。对茶道兴趣的表达可能会被视作一种政治表现，这在短期内超越了茶道的历史，为茶的哲学和新应用开辟了道路，摆脱了草庵式茶道政治和象征性的联想。不仅仅是烹茶的方式，茶的品种也都是新的，例如干茶和煎茶。煎茶在全国迅速发展，即使是在今天，这种绿茶也是日本的国饮。

千利休

1522 年，千利休出生于堺市一个极具影响力的商人家庭。他的祖父田中千阿弥在足利义政家中担任茶专家，千利休在早期正是通过祖父接触到了茶道艺术。他的第一位老师北向道陈向他介绍了具有正式的书院式茶风的足利传统，北向道陈看出千利休是个不寻常的人才，就将他推荐给了当时最为著名的茶师——武野绍鸥。跟着武野绍鸥，千利休了解了侘茶的基础知识，同时也认识到禅宗哲学对茶道的重要性。千利休开始跟着大德寺的师傅学习禅宗，在那里他得到了他的法讳——"宗易"。在度过了学习时光后，1570 年，他和他的茶友今井宗久以及津田宗被一同传唤到了织田信长的府邸，到那里之后，他开始了他的茶师生活。在织田信长去世后，他继续

143.伞象征着茶室——北野大茶会图卷节选

144

担任织田信长的继任者——丰臣秀吉的茶师。虽然当时他只是一名茶师，但随着时间的推移，千利休逐渐成了丰臣秀吉最亲密的知己，也成了那个时代日本最具影响力的人之一。1591 年初，丰臣秀吉突然毫无征兆地命令千利休自杀，因此千利休在他 70 岁①那年的 2 月 25 日自杀身亡。

虽然他作为丰臣秀吉的茶师，致力于统治阶级的正统茶道风格——书院风茶道，但他的理想却在侘茶，他希望能将禅宗哲学与茶道结合在一起，形成一种精神。《南方录》中记录了他的观点："茶道的基础是茶具架，但如果你想要寻找它的灵魂，除了在'非正式'的空间里，你哪儿都不会找到。"千利休推广了一种新的茶道形式，在仪式过程中，只要将物品从准备室带进茶室，直接放置在榻榻米上，在这种形势中，他摒弃了正统茶道形式基本特征之一的茶具架。他一步一步地推进信息化，在他担任丰臣秀吉茶师的那个时代，完成了他的侘茶理想，并使它快速地发展。他去除了茶室中所有多余的活动，目的是还原饮茶艺术中的精髓，如果说茶道过去只是持续一整天的节日活动的一部分，那么它现如今可以受到完整的关注：茶道仪式最久可持续四个小时。当学生向他询问茶道中最重要的规则时，千利休这样回答：

145

> "准备一碗精致而可口的茶。
>
> 放好木炭，将水加热。
>
> 夏天给人以清凉而清新的感觉，冬天则给人以不经意的温暖。
>
> 将花儿整理好，就像它们在草地上生长时那样。
>
> 及时地准备好一切。即使没有下雨，也要做好下雨的准备。
>
> 把你整个的心都交给那些让你的心聚合在一起的人。"②

在"利休七则"中，道德准则是靠简单的术语建立起来的，这使得茶道不仅仅是一种纯粹的休闲活动：主人被要求完全展现出他的个性，从而为客人创造最愉快的氛围。这符合自村田珠光以来一贯有效的"让一个人的心完全奉献"原则③。千利休精心挑选了日常生活中源自农村的物件，运用到茶室之中，而他的选择一直作为审美的标准被延续到了今天。他是第一个将自己设计的碗用在茶室的人，同时也指导韩国的陶匠制新型的茶碗：作为简易的陶器，可以

144. 韩国陶匠制作的黑色乐烧茶碗
145. 千利休的画像

---

① 年龄是根据当时的日历年来计算的，出生时就算一岁，以后每逢元旦都会增长一岁。

② 出自里千家茶道流派的类别设计的德语网站：www.teeweg.de。

③ 详见《草庵式茶室的发展》一章。

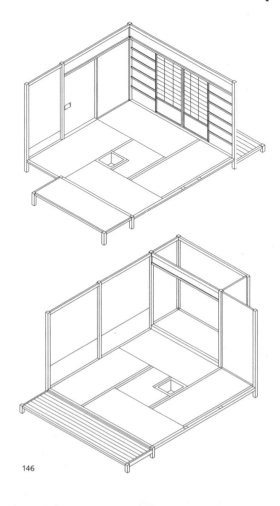

146

147

用手塑形，并通过低温烧制，在后来的发展中，它们比乐烧陶分布得更为广泛。至于釉料的颜色，千利休选择了红色和黑色，因为它们似乎与茶的绿色最为协调。茶碗的重量、形式和边缘的构造都是根据他的叙述来制作生产的。

草庵式茶室

和前人一样，千利休也把茶室放在了美学考量的中心。他以村田珠光、宗祇和武野绍鸥的建筑为基础进行了改造，并引入了各种新元素。在他早期的茶室中，仍然可以找到许多书院式建筑的元素，后来再发展到小型的、简朴的草庵茶室，包括在接下来即将介绍到的奈良的茶室和待庵茶室，它们都是千利休建造的著名建筑。

148

奈良的茶室

位于奈良的茶室尚不清楚它的确切建造时间，但很有可能是在1555—1572年之间。茶室位于东大寺。四叠半空间遵循一般的概念，与书院式建筑的典型——武野绍鸥的茶室非常相近，缘侧仍然存在，通过它穿过半透明的障子仍可以保持直立的姿势进入茶室。发展已成型的草庵茶室的一个重要步骤是为客人重新设计入口区域，这一点也使其外观发生了重大变化。缘侧的过渡区域被取消，这预示着与书院式建筑的彻底决裂。起初，替代它的是一个带有围墙的内院，但茶室与露地之间毕竟没有多余的临时空间：踏脚石直接将客人引到蹦口的位置，从那时起，这道门就标志着茶室的榻榻米和露地之间的绝对界限。这个茶室与之前的茶室一样没有窗户，所以只有入口处的障子是它唯一的光源。空间内的所有墙面都由规则排列的方形柱子划分，并糊上了白纸。千利休后期茶室的墙面没有覆盖白纸，也没有涂抹灰泥，由于没有白纸的反射，导致房间内比以前要昏暗得多。不同于书院式空间的是，抬高的地板区域也不存在了，所有客人都坐在同一高度上，只有抬高的壁龛仍然能指示出贵宾的位置。天花板的高度一般较矮，天花板设计中使用的材料也比大型书斋中做工精细的格子天花板和装饰丰富的横梁要轻便许多。在奈良的茶室里，天花板与整个平面保持水平一致，而千利休后来的设计在这一点上与之差别很大。

在进一步的发展中，千利休摒弃了越来越多书院式建筑中的规定，逐渐接近他对草庵茶室的设想。两座在长时间内都与千利休有着联系的建筑，根据外界的调查结果，展示了早期侘风格茶室的创意多样性：伞亭和时雨亭都位于京都高台寺的庙宇建筑群中，并通过一个带顶的走廊连接，据说是为伏见城设计的，后来才被挪到了现在的位置。据称，它们位于池塘边，可以直接从船上进入。伞亭

146. 奈良茶室的轴测图，它遵循一般概念，与书院式建筑的典型——武野绍鸥的茶室非常相近，缘侧仍然存在，通过它穿过半透明的"障子"仍可以保持直立的姿势进入茶室

147. 京都高台寺的伞亭之所以得名，是因为它的屋顶形状不同寻常，让人觉得里面像有一把撑开的伞

148. 京都高台寺时雨亭楼上的外观，它是日本唯一一座双层茶室

149

150

之所以得名，是因为它的屋顶形状不同寻常，让人觉得里面像有一把撑开的伞，而时雨亭则是日本已知唯一的双层茶室。它的底层配备了一只火炉，可以在那里准备食物，而楼上的炉子也有着特殊的形状，砌筑的火炉是仍使用的源自武野绍鸥的一个元素，但很快就被地炉所取代。在火炉前可以看到袖壁的前身，中柱的位置上则是竹柱。

待庵茶室

　　虽然传说千利休建造了大量的茶室，但位于京都南部山崎市妙喜庵的待庵茶室是唯一可以确定由他建造的茶室。这座茶室在茶道史上具有特殊的地位，因为它被认为是侘风格茶室的早期作品，也是千利休思想的结晶。这是第一次将茶室缩小到仅有两叠大小，在此之前的茶室至少有四叠半那么大，各种建筑中的创新使得待庵茶室成了日本文化史上最重要的建筑之一，对后来的建筑产生了巨大的影响。最新的历史建筑发现测定其原始建筑位置并不在妙喜庵，而是在丰臣秀吉的山崎城。但是丰臣秀吉搬到了大阪，并没有使用过待庵茶室。随后，待庵茶室被拆除，又在今天妙喜庵的位置上重建，这一做法在当时非常普遍。而关于待庵这个名字，人们做出了各种各样的猜测。这个词带有等待的含义，当丰臣秀吉身在大阪时，有着"等待秀吉归来"的意思，或者也被认为是"等待月亮的小屋"。第二种解释也得到了事实的支撑，因为待庵茶室旁边的寺庙建筑被称为明月堂。实际茶室仅有两叠大小，建筑面积为 3.7 平方米，整栋建筑也不超过 8.7 平方米。在其西侧有一间附属小屋，约一叠大小，通过两扇"鼓袄"，与主室分隔开。西侧的附属小屋通过一块狭窄的木板来扩展。水屋同样也有一叠大小，连到北边，该建筑通过这间屋子可以与主寺庙相连。但空间面积的缩小带来了结构问题：四叠半空间里的建筑元素如柱子、横梁和窗户等不能简单地应用于两叠空间，这样会显得太过拥挤，而这些元素也不能根据规模进行缩小，因为支撑柱的直径只能缩减到一定限度。这就需要有适应空间大小的新元素。千利休选用那些在角落处仍可以看见树干上自然曲线的柱子来处理这一问题，这使它们看起来更加雅致和脆弱。千利休喜欢那些用黏土将墙壁覆盖住的贫困阶层的房子，而这一技术的首次使用正是在待庵茶室中。他在墙体的基础结构上抹上了一种带有秸秆的黏土层作为黏合剂，但千利休放弃了顶层普遍的细黏土。由于在粗糙的墙壁上仍然能看见秸秆，这使墙壁整体结构给人以粗糙、质朴的感觉。为了达到隐居和内向性的特殊效果，他用烟灰染黑了内部的墙壁。而为了保护墙壁与和服，他又在下部区域覆上了白纸。木材的颜色也很暗，但千利休所使用的确切技术目前还不清楚。他还用黏土覆盖了壁龛的内部，从而创造了新的元素——室龛。

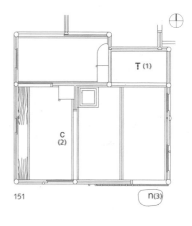

151

149. 多样的建筑创新使待庵茶室成了日本文化史上最重要的建筑之一，它也是千利休所建造的茶室中唯一可以确认的。图为《都林泉名胜图会》中描绘的场景
150. 待庵茶室的西墙
151. 待庵茶室的平面图：
　　（1）壁龛
　　（2）客人的入口
　　（3）主人的入口

152

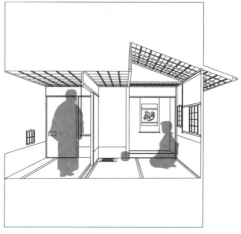

153

他利用材料的特性，用黏土覆盖内角柱，削去棱角。他在主人席西北角的地炉处也使用了相同的技术，达到了使空间深度不定以及视觉延伸的目的——人眼在曲线上无法找到支点。客人的入口位于建筑南侧被屋顶悬面保护着的区域。千利休创造了躏口作为茶室入口，这在茶室史上是一次突破。在茶室前有一个剑架，客人们必须在这里放下他们的武器（茶室不允许任何人带剑进入）。千利休早期茶室的开口仍然遵循建筑概念的范畴，因此在待庵茶室中，大小不同的窗户自由排布在墙面上，光线越过坐着的客人落在他们身后。在躏口的上方是一扇带有竹栅栏的连子窗，嵌在墙面上，东墙上有两扇下地窗，上面覆有障子，窗户上没有黏土盖。其中一个障子是可移动的，另一个则被做成"挂障"。障子细长的栅条由分开的竹子制成，与下地窗的结构在背光中相交，形成了一个美学上极具吸引力的抽象布局。窗户边延伸至天花板的垂直竹竿成了墙面上的光学焦点。整个过程中，天花板不再是扁平化的设计。它很矮，高度不超过180厘米。尽管面积不大，但它有许多结构不同的分区，两个部分被制作成用狭窄木板构成的水平悬空的天花板，第三部分是屋顶斜面的底视图，其中结构中的竹竿是可见的。壁龛前的天花板标明了贵宾的座位。它要比主人席上方的天花板稍微高一些，毕竟它指出的是特殊的位置，其他客人坐在倾斜的屋顶区域下方。因此，即使是在两叠的空间内，也有可能出现精细差异化的空间层次。

在千利休发展茶室的过程中，墙面被视为一种独立的元素，不再需要遵循建筑概念体系中的一般参数。门窗的开口自由分布在墙面上，而适用于书院式建筑的木材分割体系①则被取消。与此同时，墙面还发生了质的变化，对茶道的核心产生了影响。通过与空间最小化相关的内在化和精神化，千利休最终摒弃了书院风格的形式规则。其中并没有茶具架的位置，除了那些具有侘哲学的，草屋的整体氛围也不允许有其他的茶具。随着茶室空间的缩小，伴随而来的是行动自由的限制，禅宗原则表明，真正的自由只有在自我约束的情况下才能发展。禅宗里有句诗这样说："高大的山脉可以在一粒微小的罂粟种子中找到它的位置。"而这种类型的茶室正是千利休的茶室：在有限的建筑内寻找无限的空间。这个想法很有说服力，甚至给日本当时最有实力的人——丰臣秀吉，也留下了深刻的印象：他的"黄金茶室"是非常宏伟的设计，但仅有三叠大小，他还在他大阪城的宅邸中建造了一间两叠的草庵茶室。

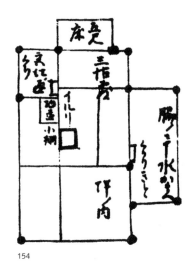

154

152. 千利休用黏土覆盖了待庵茶室的壁龛内部，从而创造了新的元素——"室龛"

153. 待庵茶室的内部透视图

154. 千利休名下位于大阪的三又四分之三叠的茶室——山上宗二于1588年所绘图样

---

① 详见《草庵式茶室的发展》一章。

千利休之后的大名茶

"唯一的一盏灯里，灯油在燃烧，

闪烁着白花。

锅里的水干了，茶叶褪去了绿色。

被茶师遗弃的茶屋看起来像被三重光笼罩着。

东风拂晓，泪也徒然。"

——《南方录》，千利休逝世第三日

大名茶的开端

在千利休去世后，他的三位学生对茶道的进一步发展产生了决定性的影响——来自于统治阶层的大名古田织部、织田有乐斋和细川三斋，他们一起将茶道的中心从堺市和京都的商人阶层转移到了江户（今天的东京）的武士阶层。在统治阶级的影响下，千利休的继任者改进了侘茶风格以及茶室建筑。他们对于草庵式茶室中的元素的创新不仅对茶室的设计产生了影响，而且对整个日本的建筑传统也产生了影响。但千利休早已预见到了大名茶风格存在的问题："唯一让我担心的是，茶爱好者越多，茶师的数量就会越多，他们所教的内容都是不同的，在大名们社会交际或建造草庵茶室的过程中，他们不再关心茶室的真正意义，奢侈享乐之人和酗酒之人在草庵茶室中大摆筵席，以满足他们内心的欲望，因为他们有能力这么做，而这与侘茶的理念是相悖的。"

茶道并不是社会中的消遣娱乐，而是精神上的专注，人们应该本着侘哲学的精神来举办茶会。在千利休的时代，哲学和艺术推动着设计为社会底层人士服务，并试图在设计中发现人文和艺术价值，但后来设计却渐渐变成了纯粹的形式主义。虽然侘风格的外部形态仍然被保留了下来，但人们只请最好的工匠，选择最精致的材料，采用最巧妙的技术，用最珍贵的碗，供应最名贵的茶，茶道最终变成了一件奢侈的事，这与茶道原本的价值理念相悖。千利休的孙子千宗旦注意到了这一点："一个很大的错误在于，当茶道已经与侘的思想格格不入时，人们还要以此炫耀。这样的人布置茶室，只是使茶室外部具有侘的特征，他会想到侘的感觉，但这还远远不够。"统治阶层以及上层武士的茶风导致茶道发生了天翻地覆的变化。虽然在千利休那个时代，茶室总是向所有阶层的人开放，但武士们声称，茶道是一种符合他们身份地位的休闲活动，因此它逐渐成了上流社会的娱乐方式，从而失去了茶道主流的民主精神。而德川幕府的统治者也对武士们的做法甚为推崇，甚至开始为茶道制订一些标准和规定。

155.18世纪古田织部的画像

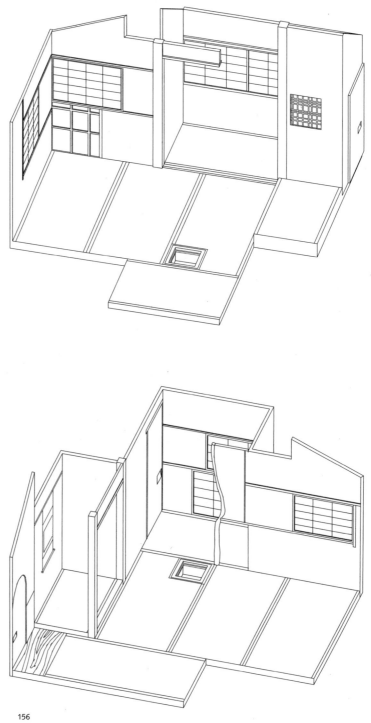

156

在千利休去世之后，古田织部是第一个在茶道界发挥了主导作用的人。他是来自美浓市的大名，实力雄厚，继承了织田信长和丰臣秀吉对茶道的热爱。有资料表明，他跟随千利休学习了烹茶的艺术，并在晚年成了千利休最亲密的朋友。古田织部被认为是大名茶的创始人，他的名声以及他与新任统治者亲近的关系为他打开了通往江户的大门。他设法在侘美学和武士阶层的需求之间架起一座桥梁，值得称道的是，这使茶道在德川幕府时期的杰出人物间传播开来。1605 年，古田织部成了德川家康的儿子德川秀忠的茶师。据骏河国的编年史中记载，"古田织部是那个时代的茶师。幕府的每一个成员都推荐了他，所有武士都想跟他一起学习茶道，茶会可以从清晨一直持续到深夜。"大名茶是日本上层社会阶级的缩影。古田织部是本着新统治者的精神，才能在推崇宋明理学的社会中站稳了脚跟①。德川幕府统治下的社会中，每一个公民的地位都有明确的界定，古田织部虽然取得了很大的成功，但也许是由于他自由的意志终究还是不符合贵族统治者的规范和秩序，最终落得和他的老师千利休一样的下场——1615 年，他被指控为间谍，被迫自杀身亡。

在古田织部死后，织田信长的弟弟织田有乐斋（1547—1621）在很短的时间内接替他成了茶师，织田有乐斋的名声源于他在茶室设计方面的创造力以及他对许多知名茶具的收藏。第三位伟大的茶师是出身于武士贵族阶层的细川三斋（1563—1645），他是千利休的另一位继任者。起初，他在丰臣秀吉的影响之下学习茶道，成了千利休最喜欢的学生之一。虽然细川三斋和古田织部、织田有乐斋都是出身于大名的家庭，但他与另外两个人不同，他更加专注于钻研老师侘的精神。他冒险对侘的风格做了小小的改变，但在烹茶的方式上，还有在茶室的设计上，都遵循了他的老师的风格。正如松谷家族的记载中所描述的那样："这就是古田织部成功的原因，细川三斋与千利休的茶风极为相近，就是没有什么大名气。"无论如何，古田织部和细川三斋代表了千利休之后茶道艺术中的两个对立面，这也决定了接下来的日本茶道史的发展。

燕庵茶室

燕庵茶室是古田织部设计的最为著名的建筑，坐落在京都山内家族的土地上。它远离主建筑，是独立茶室的经典范例，除了茶屋外，它只有一间水屋和一间小小的副室。茶室是一个三又四分之三叠的空间，这种类型的茶室具有特别的元素——中柱和袖壁。对于古田织部

156. 对于古田织部来说，三又四分之三叠的茶室才是理想的大小。这种形式的茶室在今天被称为燕庵风格的茶室。图为燕庵茶室内部空间的轴测图

① 德川幕府推崇宋明理学，因为它与佛教的无常性不同，它所倡导的是在宇宙万象中建立完美而稳定的秩序，而严格的等级社会结构正是反映了这一秩序。

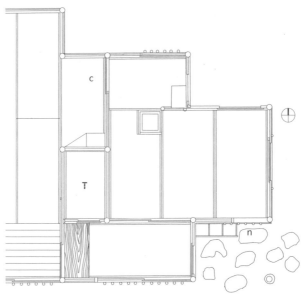

157

158

来说，三又四分之三叠的茶室才是理想的大小，这种形式的茶室在今天被称为燕庵风格的茶室，它为武士贵族的安逸提供了充足的空间，这也是为什么它很快得到了大量茶爱好者的支持，而且经常被模仿的原因。主人从水屋通过主人入口进入茶屋，这个入口是用"鼓袄"锁上的，客人则通过蹦口进入室内。在四分之三叠席子的对面，有一扇双层的"袄"，将第二位的座位区域与茶室隔开。这个座位有一叠大小，是为最高等级的客人的同行者准备的。有了这一创新，古田织部成功地为不同的社会阶层赋予了不同的地位，同时也创造了新的茶室礼仪。通过"袄"的开与关，茶室也拥有了在日本住宅中具有的而茶室中一直没有实现的灵活性——多隔出几个空间，这样不论来访者多或少，都可以在茶室中找到位置。在第二位的座位区域中，榻榻米下方的地板是用雪松木制成的，如果来了一位地位极高的客人，会将整个榻榻米移去，铺在这位客人的座位上，他的同行者们都坐在木地板上。此外，露地中的等候椅也采取了相同的策略——客人们坐在统一设计的椅子上，但贵宾的座位上铺的是榻榻米，而他的同行者们的座位则是由木头制成的，相比较其他客人的椅子要长一些。

德川政权严格的等级结构使古田织部有必要确定每一位客人的社会等级。他为等级最高的客人设置了一个单独的入口，这样这位客人就无须通过蹦口爬进茶室，而是可以保持直立的姿势进入茶室。另外，相较于千利休节俭的餐食，古田织部准备了更为精致的食物并确定了用餐顺序，也允许客人们在茶室里佩剑，这样的做法在千利休时代是绝无可能的。古田织部也偏离了将茶室面积缩小到最低限度的设计原则，批判了两叠空间以及它背后主客之间没有距离的空间理念："如果邀请一位高贵的人进入茶室，那么他和主人之间应该保持适当的距离。"太小的房间会让客人和主人之间的距离过近，这样就无法适应普遍存在的阶级限制。他甚至嘲笑老师的待庵茶室，说那样小的茶室，其唯一目的就是折磨客人。因此，他扩大了茶室，也为主人额外提供了一张四分之三叠席子。由于取消了茶具架，主人烹茶所需的空间变小了，这使席子的加入成为可能。千利休也曾在他的茶室设计中使用了这种席子，但还是古田织部使这种空间结构逐渐成熟，最终成了茶室设计中的特定模式。

千利休更喜欢在他的茶室里减少对外的开口，以突出茶道幽静的特征，但古田织部却恢复了草庵茶室中昏暗而严肃的环境氛围。他设计了更多的窗户，他的一些茶室，如八窗庵和八窗席①，甚至是以窗户的数量来命名的。在燕庵茶室中，烹茶的榻榻米旁有一扇窗户，

157. 燕庵茶室的平面图
158. 由于社会等级森严，古田织部不得不确定每位客人的社会地位。他为等级最高的客人设置了一个单独的入口，这样这位客人就不用再爬过蹦口进入茶室了

---

① 八窗庵和八窗席指的是八扇窗户的小屋。

159

160

其中的两部分可以偏离中心轻微地交互移动。古田织部在他的茶室设计中反复使用这种类型的窗户，因为这种窗户可以突出主人一方的"舞台效果"。在壁龛的侧壁上，他加入了一扇墨迹窗，最初的目的是通过侧面的光线突出悬挂在壁龛中的画轴的效果。他也改变了窗户的结构，在墙的外侧放置了一扇挂障，这样从里面就可以看到竹格结构。他还在窗格的钉子上挂了一只花瓶，为房间内部创造了一个全新的景致。直到现在，花瓶还一直放在壁龛的底部，或者挂在壁龛的柱子上。

千利休是使茶室内单个元素相互协调，根据它们的功能来生成相应的空间单位，从来没有强调个别的空间区域。但古田织部则不同，他是通过组合协调单个元素来拟定空间构图。其结果是空间的张力减弱，整体的各个部分获得了更多的空间，用以展示其视觉效果。

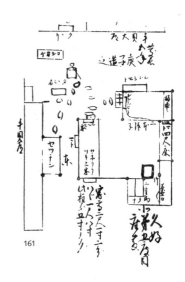

161

如庵茶室

织田有乐斋采用了一种创造性的方法来改良千利休和古田织部的茶室，他的茶室中充满了对草庵茶室中的元素新的阐释，他将茶室原有元素与新的设计元素结合起来，创造了一种带有垂直窗口的窗户，窗户附近设置了紧靠的竹竿，这种窗户以他自己的名字命名。如庵茶室是织田有乐斋建造的最著名的一间茶室，最初建在建仁寺的正传院里，现在则位于神奈川县三井家族的建筑中。如庵茶室因其各种各样的创新和独特的风格而备受关注。茶室仅20平方米大，只有茶屋、水屋和一个小的前厅。它被设计成离住宅很近的独立建筑，主人可以很容易地通过一个带顶的短门廊走到这里，客人则可以通过露地走进建筑入口。开放的前厅的三角斜脊屋顶上覆盖着薄薄的木瓦片，地面上有引导客人的踏脚石，这个区域虽然有屋顶的保护，但仍然是露地的一部分。蹦口不在建筑的前面，而是在侧墙上，它的前面有一堵黏土墙遮挡着，墙上有一扇圆形的下地窗，但墙上没有外覆层。古田织部的燕庵茶室已经重新调整了茶室和露地之间的过渡区域，入口区的设计方式与如庵茶室十分相似。然而，织田有乐斋更准确地继承了这种变化，而这种变化在细川三斋的茶室中达到了顶峰。

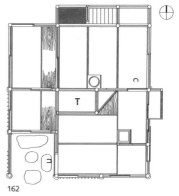

162

159. 燕庵茶室的内部空间
160. 出身于大名阶层的茶师喜欢茶室里的窗户越大越好，图为京都大德寺中的茶室
161. 松谷家古田织部风格的茶室和露地
162. 如庵茶室的平面图

163

163. 如庵茶室开放的前厅三角斜脊屋顶上覆盖着薄薄的木瓦片，露地中有引导客人的踏脚石，这片区域虽然有屋顶的保护，但仍然是露地的一部分

164. 如庵茶室内部空间的透视图

165. 虽然如庵茶室的空间大小不超过三叠半，但它新颖且非常规的空间划分为茶室带来了前所未有的可流动空间

164

165

166

如庵茶室的内部也是独一无二的，虽然空间的大小不超过三叠半，但它新颖且非常规的空间划分为茶室带来了前所未有的可流动空间。弯曲的树干作为中柱设置在房间中央，袖壁将半叠大小的角落区域隔开。而袖壁的设置也十分值得注意——狭窄的一面指向房间，避免了主人的视觉分散。此外，袖壁并不是用黏土砌成的，而是用木板制作的，从木板上切下一个椭圆形，恰好是主人入口处的形状。沿着壁龛有一面斜墙连到入口处，地板上盖着一块三角形木板，织田有乐斋为客人设计了一个平缓的过渡区通往座位。有了这极不寻常的划分，这间小型的房间形成了一个四叠半空间所具有的开阔氛围，大窗户的表面和屋顶斜面上的天窗也突出了这一点。虽然织田有乐斋成功地设计了茶室历史上最有趣的空间结构，但他的建筑风格与古田织部并不相似。尽管他有着种种创新，但他还是努力保持着他的老师千利休的精神。茶室内较低区域的墙壁是用老日历糊的，实现了侘的效果，天花板也符合草庵式风格的思想精神——中柱被分在两个区域，分别是主人席上方和壁龛前方，设计得非常简单，呈水平状，而在蹲口上方，仍然可见用竹竿装饰的屋顶斜面。

细川三斋的茶室

如果说古田织部和织田有乐斋都对茶室内部进行了改造，那么细川三斋则是对茶室的入口处进行了重新设计。他反复加入了中间元素，软化了茶室和露地之间的硬性界限。现在，他所设计的建筑仅存有一栋，但还有其他的茶室可以展现他的独特风格。例如，奈良东大寺中茶室的设计图显示，在室内和室外区域之间有一个作为中介的缓冲空间，可以通过一扇窄而矮的门进入。人们进入前院时，能看见那里的踏脚石和剑架，细川三斋以这种方式开创了"内露地"，即一个类似于日本住宅楼中缘侧的灰色空间，这里不再明确区分室内和室外。只有在这个空间里，人们才能通过 120 厘米高的双推拉门下到茶室的地面上。

细川三斋在京都南部天龙寺中的茶室里也实现了相类似的概念。这个四又四分之三叠的空间平面图为 L 形，这对茶室来说是极不寻常的，在它的屋顶悬面下空出了两叠被覆盖着的角落区域。这个入口区域的狭窄缘侧同时也被用作等候席，这种元素通常在人们到达茶室之前就位于露地中某一个特定的点。被覆盖的地面区域作为露地的部分介入屋子内部。入口处装了四扇推拉门，其中两扇是木头做的，另外两扇则设计成半透明的障子。通过这些可移动元素，可以创造出不同的照明效果。正是采用这样的方法，细川三斋也跟上了茶室照明更加自由、更有创意的新趋势。

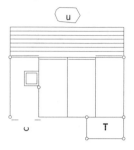

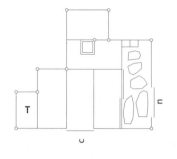

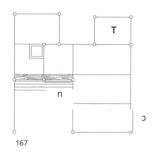

167

166. 京都西芳寺中的湘南亭茶室展示了室内和室外之间的新关系
167. 细川三斋的茶室：带有缘侧的茶室，东大寺中的茶室，天龙寺中的茶室

168

169

大德寺高桐院中的松向轩是细川三斋建造的仅存的一间茶室，也是德川时代早期仅存的为数不多的茶室之一。松向轩建于 1628 年，是细川三斋为北野大茶会所建造的，这座建筑是因为位于一棵松树附近而得名。可能是由于松向轩位于重要的禅宗寺庙之中，所以细川三斋改变了它的空间，这导致它的空间结构比其他茶室要多样化得多。在千利休的思想中，位于寺庙建筑中的茶室结构应该是一个二又四分之三叠的空间，也就是经典草庵茶室的样子——三种不同的天花板高度，覆盖有黏土的壁龛，还有蹰口、剑架和下地窗。细川三斋将四分之三叠席子连同中柱和袖壁合并起来，组成了一个新的空间。小型窗户和暗色的墙壁创造出一种空间高度密集的氛围，但并没有产生狭窄拥挤的感觉。

小堀远州与大名茶的顶峰

1615 年，在古田织部去世后，他的学生小堀远州（1579—1647）作为大名阶层的代表，接替他成了茶道界的领军人物。小堀远州是个非常有才能的人，他作为建筑师和园林设计师而被人熟知。同时他也熟悉其他艺术领域，小堀远州在大德寺接受过禅宗教育，并以小堀远州式的茶室和茶具设计闻名。由于他擅长鉴定茶具，也曾借鉴了许多日本古典文学为珍贵的茶具正名，因此，他很受尊敬。他对茶道的定义指出了德川幕府时期武士阶层提倡的宋明理学的独特价值观："忠于你的主人和父亲，不忽视家庭，维持和老朋友的关系，这就是茶道。"小堀远州对于茶道的审美标准深深植根于平安时代发展起来的宫廷审美中。也正是这种审美符合强大的德川政权的代表和军事杰出人物的要求——表面上朴素的环境实际上为华丽留下了足够的空间，也能满足富有的大名们所提出的要求。这种装饰美与简约的结合使千利休严谨的精神和古田织部富有想象力的创新充分融合，至今仍然是日本美学的基础之一。

草庵式茶室中为了装饰而从壁龛上缩减下来的位置满足了大名们的需要，因为他们可以借此展示他们的财富，以及他们拥有的珍贵茶具。而小堀远州通过改良茶道，对这种做法做出了回应——人们在茶道仪式前后在单独的房间里参加宴会，这个空间可以像早期集会场所中的备茶室一样被称为链室，但现在，它按照书院式建筑内的空间形式进行布置，装饰华丽，其角色与集会场所不同。小堀远州茶室的设计模型展现出他的审美偏好——环形的箍圈、被纸覆盖的墙、黑色漆框的推拉门、装饰的架子、书案以及门上带有雕刻的格子窗，都是由四分之三叠席子、中柱和袖壁组合起来的。因此，小堀远州在草庵式茶室的元素和书院式建筑的装饰之间建立了联系，这除了是对大名的承认之外，也有对千利休追随者的轻视。《古今茶人系谱》的编者

168. 京都高桐院中的松向轩是细川三斋建造的仅存的一间茶室
169. 狩野探幽，小堀远州的画像

铃木政通对他的这种风格不以为然："作为一个收集旧用具的收藏家，他填满了他的架子，看起来是想开一家商店。"小堀远州追随古田织部和织田有乐斋的风格，在茶室中加入了各种各样的窗户，但与前几任茶师相比，他让茶室的布局更加灵活。他建造的茶室其中一个特点就是窗户的布局——位于躙口上方的下地窗上有垂直的竹栅条。躙口仍然是入口，但他建造的一些茶室可以让贵族从缘侧通过推拉门进入，这使得他们不必以曲身的姿势爬进茶室，也不必穿着木屐走过露地中的小路。他始终致力于将茶道转变为一种演出，无论是茶具的展示还是舞台上的表演，从中都可以看出大名茶的理念。他最为著名的密庵茶室和忘筌都建在京都大德寺的附属寺庙中。密庵茶室坐落于龙光院的寺庙建筑中，以中国宋朝一位禅宗大师的名字命名，这位禅师在日本被称为密庵①。据称，该茶室是为了放置这位僧人一幅漂亮的书法作品而建造的，这幅书法作品被带到日本后，由千利休将它装裱起来。这个房间是按照德川时代早期的风格建造的，也体现出了小堀远州的设计哲学，是用书院式元素布置茶室的一个例子。这个四叠半加大的空间在北边有一座壁龛，还有与壁龛相连的格橱、长押以及所有书院式建筑中的经典设计元素。原本在屋子里主人席边上也有一张书案，然而，在改建过程中，嵌入后墙的窗户被关上，这意味着夹室具有第二个壁龛的作用。

然而，尽管茶室已经有了书院式建筑的明确定位，但小堀远州还是融入了许多草庵式茶室的元素。例如，天花板只是以简易的木板构成，在一些柱子的角落还留有树皮，这些通常是以草屋风格布置的茶室的特征。其中烹茶的区域尤其惹人注目：较矮的天花板下方有一张四分之三叠席子，天花板上悬挂着简易的架板，上面还挂着一根竹竿，在中柱上，树皮将树干盖住，袖壁则是用一块带有明显纹路的木板制成的，这些仍然是借鉴了千利休的哲学，茶室内同时使用了草庵式和书院式风格的元素，从而使一种全新的空间得以发展。这两种风格的融合十分完美，几乎无法辨别哪里是其中一种风格的结束，哪里又是另一种风格的开始。

1608 年，小堀远州在孤篷庵中建造了忘筌茶室，这是个十二叠的空间，是以中国思想家庄子的诗中的一个词来命名的，这个茶室也具备了书院式建筑风格的特征——长押位于所有墙面之上，柱子被切割成方形且带有棱角，墙壁上覆着纸，涂了漆，只有通过用柳杉木制

---

① 这位大师的中文名字叫咸杰。

成的天花板表面才能看出它不是典型的书院式空间。忘筌茶室在德川时代中期被大火烧毁，后来由松平治乡①重建，而松平治乡是以对茶室入口区域的重新阐释而闻名——在狭窄的露地和茶室之间延伸出了一个缘侧，茶室通过挂在屋顶悬面上的障子与露地分隔开来。障子并没有延伸到缘侧底部，而是在大约 1 米高的地方形成了一道缝隙，通过这道缝隙，人们可以从最后一块踏脚石上走到缘侧中。虽然是以完全不同的方式，但这道缝隙承担了和躙口一样的功能——使每位客人在参加茶道仪式之前都必须保持谦恭的姿态。在缘侧一旁有一个摆放得很远的蹲踞，使用时也需要保持曲身的姿势。然后，客人可以在缘侧前以直立的姿势从障子进入茶室。如果门是开着的，人们从茶室内向外就能看到露地被挂障包围起来的画面。

虽然忘筌茶室已经具有大多数草庵式茶室内的元素，但小堀远州却进一步采用了草屋式的设计理念——将踏脚石、蹲踞和躙口以创造性的方式融入书院式风格中，并做了全新的阐释。小堀远州本人也承认，他的大部分成就都要归功于千利休。

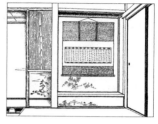

170

171

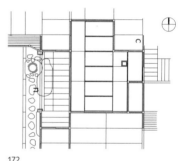

172

170.密庵的内部空间
171.密庵的平面图
172.忘筌的平面图

---

① 详见《资产阶级的影响与明治维新》一章。

173

174

173.忘筌茶室尤以对入口区域的重新阐释而闻
     名——在狭窄的露地和茶室之间，延伸出
     了一个缘侧，茶室通过挂在屋顶悬面上的
     障子与露地分隔开来。障子并没有延伸到
     缘侧底部，而是在大约1米高的地方形成
     了一道缝隙，通过这道缝隙，人们可以从
     最后一块踏脚石上走到缘侧中
174.忘筌茶室的内部空间
175.忘筌茶室中缘侧的透视图

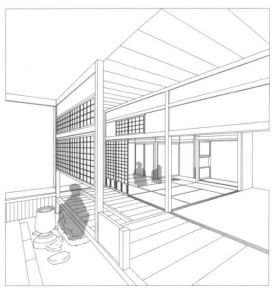

175

176

177

数寄屋建筑与侂风格的回归

"茶是对耳朵，

对眼睛，对心的引导，

这种引导甚至不需要写一个字。"

——千宗旦

178

数寄屋风格

德川幕府统治下的日本封建社会受到严格的监管，而建筑结构也受到了这些监管的影响。早在平安时代就有一些特殊的建筑元素会保留给某些社会阶层，但德川幕府的规则使得建筑的每一个细节都受到规定的限制，最终导致了建筑的僵化。特别是武士和大名的宅邸中没有使用新技术和新手段的可能，因为一切都必须遵守严格的规定。

然而，在德川时代，人们对茶道产生了很大的兴趣，茶室建筑的一些特色受到了人们高度的评价，这带给茶室建筑一些自由空间，得以规避这些固定的规则，也使人们对茶室建筑的地位进行了反思。一种新的茶室建筑风格得以发展，而这种建筑风格是自由的直接体现，也会以茶室的名字来命名。从室町时代的后半阶段开始，suki（优秀的鉴赏力）就被用作茶道的代名词，对于大名宅邸中的茶室来说，数寄屋这种表达十分常见。数寄屋风格代表了用茶室的建筑方法所建造的建筑，天然、不对称、空间自由排列、通风，以及雅致的环境氛围是这种建筑风格的特点。然而，这种数寄屋风格只有在人们的地位象征并不重要的环境下才能发展。除了私人别墅外，这些建筑主要被用作休闲消遣的半公共设施——茶铺、雅致的餐馆或房屋。这些是艺伎们招待客人的地方，是富有的、社会地位高的人逃避日常生活负担和宅邸中日常事务的地方，这些半开放的建筑也成了普通城市居民住宅中的典范。

宫廷社会的茶

茶道在宫廷中保持了很久，因为它与武士阶层和资产阶级的崛起有着千丝万缕的联系。与诗歌或书法等其他的艺术不同，贵族的代表们并没有参与茶道的发展。直到丰臣秀吉在皇宫中为天皇和他的家人们举办了一场茶会，并亲自烹茶[①]，茶道才逐渐进入了宫廷之

176. 数寄屋建筑的自然与雅致。京都南部的桂离宫不仅被认为是代表了典型数寄屋风格的作品，也被认为是日本建筑艺术的象征

177. 桂离宫，松琴亭的外观

178. 桂离宫，旧书院式宫殿的细节

---

① 丰臣秀吉为了感谢天皇赐予他幕府将军的官衔。

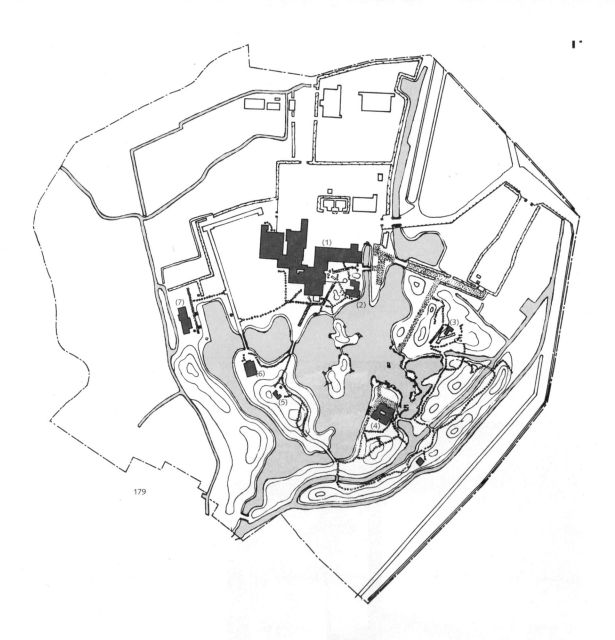

179

180

中，皇室的个别成员开始对茶道产生兴趣。在 17 世纪上半叶，茶道已经在宫廷中非常流行，贵族茶道的风格极少受到大名茶的影响，更多是建立在宫廷行为规范的基础之上，同时也受到了东山天皇传统书院式茶道的强烈影响①。这种宫廷茶文化复兴的典范是皇室园林建筑修学院离宫和桂离宫，这两座宫殿都有专门的房间用于举行茶道仪式，其整体外观上也都受到了茶室建筑风格的影响。在贵族们感受着草屋的同时，他们生活方式中的细微之处也被纳入到了建筑设计中。对于建筑细节的重视、覆盖在墙上和袄上的纸张的艺术设计、装饰架的使用、小房间中的四分之三叠席子以及铺在缘侧中的榻榻米席子，这些都让建筑看起来像一个质朴的小屋，但同时又有一种高贵而规范的雅致感。

桂离宫

皇家的桂离宫不仅是数寄屋风格的典范，也是日本建筑艺术的象征。建筑与自然的融合、建筑模块化的布置、结构元素以及大量装饰物的取消，都展现出了建造者对材料与形式的完美掌控。宫殿建筑群位于京都的西南部，紧邻桂川河，它也因这条河而得名。1620 年，智仁亲王（1579—1629）开始着手修建这座宫殿，在他去世的那一年，园林和建筑的基本结构已经确定。从 1642 年起，他的儿子智忠亲王（1619—1662）接下并致力于完成这项工程。花园以及建筑的精巧设计是归功于智仁亲王和智忠亲王，还是像人们猜测的那样归功于小堀远州②，这一点至今仍不清楚，但很明显，桂离宫的设计受到了小堀远州作品的强烈影响。它的总面积并不大，中心有一个池塘，周围的住宅以及不同的茶亭和娱乐场所被简单地组合在一起。花园就像是一个露地，里面有石灯、蹲踞和等候席，尽管它的面积很小，但人们在其中漫步时会因巧妙而多样的设计看到不同的景象。建筑结构并没有遵循统一的风格，但建筑中的每一个元素都与周围的景致相融合。在桂离宫建筑个别空间里灵活的、成对角线的布置中（如雁行），自然材料的运用和细节的处理都表现出明显的数寄屋风格。除了书院式的主要建筑外，几个亭子都分布在花园中，包括月波楼、笑意轩、赏花亭、园林堂和松琴亭，它们都是用简易的材料建造而成。柱子和横梁通常是以天然的形态建造，就像用稻草覆盖的屋顶和用泥灰砌的墙一样，是茶道哲学的体现。其中最大、最精致的亭子是松琴亭，是专门为人们在夏季里停留歇脚而设计的，它的方向朝北，位于池塘边，附近的树木和宽敞的屋顶可用来遮阳，以此缓解京都夏季的闷热。在小型内院周围有不同

179.桂离宫的区位图：
（1）书院式宫殿
（2）月波楼
（3）等候席
（4）松琴亭
（5）赏花亭
（6）园林堂
（7）笑意轩
180.桂离宫中书院式建筑的交错布置也被称为雁行

① 详见《草庵式茶室的发展》一章。
② 详见《千利休之后的大名茶》一章。

日本茶室与空间美学

181

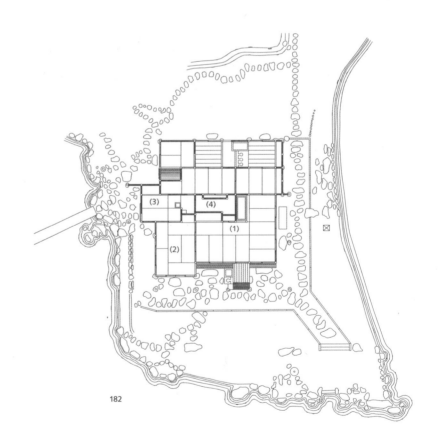

182

的空间，建筑里还有一间传统的茶室。从主屋向外看，可以看到美丽的池塘和花园，这也就是后来松琴亭被贵族们用作赏月或吟诗作赋等娱乐活动场所的原因。桂离宫严谨的书院风设计与天然的材料相结合，从而呈现出了崭新的面貌。例如，在主屋中，麻秆放置在门上方的格窗上，旁边是一个印有蓝白格子图案的壁龛，壁龛内覆着纸，而在次屋里，粗糙的下地窗与其余的设计形成了鲜明的对比。次屋与茶屋相连，并以窗户的数量命名为八窗堂。在三又四分之三叠的房间里，一切都是根据草庵茶室的原则设计的——覆盖有黏土的顶棚保护着进入茶室的入口，人们必须在取下剑后才能爬过躏口进入茶室。下地窗、不同的天花板高度和中柱是传统草庵茶室中的特色。嵌在壁龛侧壁上的墨迹窗内侧蒙上了障子，天窗设在主人席四分之三叠上方的屋顶斜面上，形成良好的透光效果，和许多其他的细节（比如在躏口上方设置两扇窗户）一样，这些元素即使无法表明小堀远州设计者的身份，至少也显示出他强大的影响力。

贵族们在建筑中结合了两种人生哲学——对热闹的休闲娱乐的偏好和对精神启蒙的追求，这导致松琴亭中引入了双重空间：带有缘侧并可以观赏到花园中景致的大房间，满足了贵族们雅致的生活方式；而在另一侧，则有在漫步后用于冥想，并体现了茶道宁静哲学的茶室。

181. 松琴亭是最大、最精致的亭子。它是专
　　门为了在闷热的夏天里使用而设计的
182. 松琴亭的平面图：
　　（1）主屋
　　（2）次屋
　　（3）茶室
　　（4）内院

183. 松琴亭中的八窗堂茶室，四分之三叠的位置

184

185

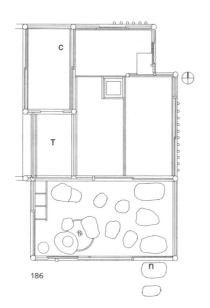

186

184.京都大德寺的正门：在金森宗和的时代，
　　大德寺是茶界的精神中心，千利休和村田
　　珠光的陵墓都位于大德寺的附属寺庙中

185.京都真珠庵中通往茶室的道路

186.金森宗和茶室的平面图

187

188

金森宗和与他的茶室

当小堀远州作为幕府将军和武士们的茶师时，他的同代人金森宗和（1584—1656）也在宫廷中扮演了同样的角色。金森宗和的祖父曾是千利休的学生，他的父亲跟着千利休的儿子千道安学习茶道。他向小堀远州了解大名茶之前，最初是在祖父和父亲二人的教导下学习茶艺的，后来他从小堀远州那里接受了"绮丽空寂①"的美学思想。他与皇室成员保持着密切的联系，并晋升为了宫廷中的主茶师，他也在那里创造了属于自己的茶风——宫殿茶。宫殿茶以其在美学上的独特品位和精致而著称，这种茶迎合了金森宗和的学生们的生活方式。金森宗和建造的最为著名的茶室是京都大德寺附属寺庙真珠庵中的茶室，大德寺当时是茶界的中心。千利休的陵墓位于村田珠光陵墓所在的寺庙中。而在真珠庵中，供奉着伟大的僧人一休宗纯②，在这样的建筑中建造茶室对于茶师金森宗和来说是一个挑战。这个茶室的木材来源于京都的皇宫，是由天皇捐赠的。茶室建于寺庙之中，主人可以从主建筑中直接进入茶室。由于寺庙内的空间有限，露地只是沿着寺庙建筑旁边的一块狭窄的空间。然而，即使只是一个十分简易的露地，其中所有的元素也都极具代表性。茶室内的空间非常拥挤、紧张，这与金森宗和的习惯相悖，但这是由于禅宗寺庙地形限制的原因。茶室本身是一个二又四分之三叠的空间，狭窄的空间是通过北边排列较矮的窗户来透光的。然而，金森宗和采用了一间前室拓展了茶室的内部空间，这间前室中铺设有地板。在这里，他使用了细川三斋在东大寺茶室中使用的空间概念③。然而，与细川三斋的茶室不同的是，金森宗和茶室前区域的缓冲区是通过蹯口进入，这表示过渡区已经被理解为内部空间的一部分。在这个区域里还能找到露地中的踏脚石、剑架和蹲踞等元素，这大概是因为金森宗和长期待在日本北方。建筑内蹲踞的设置为寒冬里人们举行茶道仪式提供了便利。即使是在这个受限的框架之中，金森宗和也试图实现将前室和茶屋合成一个连续体的理念，因为在他看来，茶室不应该展现出束缚感。他为茶室能更舒适而做出了努力，这也是他在贵族中享有崇高地位的原因。

千家流的复兴

在千利休自杀后，千家的所有财产都被没收，他的两个儿子千绍安和千道安被迫离开了京都。直到几年后，幕府将军才允许他们回到家中，自此，千绍安和他的儿子千宗旦才重新在京都定居。尽

187. 金森宗和通过连接铺有地板的前室，扩大了仅有二又四分之三叠的茶室的内部空间。此图为前室与内部空间的透视图
188. 人们通过蹯口进入真珠庵中茶室的前室

---

① 装饰美与约束性简约的融合，详见《千利休之后的大名茶》一章。
② 详见《草庵式茶室的发展》一章。
③ 详见《千利休之后的大名茶》一章。

189

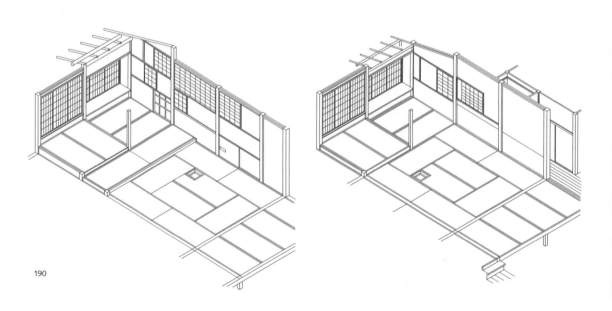

190

管当时大名茶占据了茶道中的统治地位，但千绍安和他的儿子仍致力于恢复被小堀远州的茶风所排挤的千利休的茶道风格。千绍安在京都本法寺中建造了一间茶室，为千家流的复兴奠定了基础。他继承其父亲的遗产建造了残月亭，作为彩色书院（千利休在聚乐第中建造的一间茶室）的复制品①。千利休的茶室本来有十八叠，地板有三种不同的高度，但千绍安将残月亭缩小为十二叠，且仅有一层。抬高的角落有两叠大小，但它并没有成为最高等级客人的座位，而是标明了壁龛的位置。除此之外，在这个巨大而明亮的空间里，宽阔的窗面和书案都遵照了先前的样子。书案前是倾斜的天花板，使屋顶结构中的竹竿能凸显出来。入口由两对袄构成，墙面上的纸上印有泡桐②的图案，这说明丰臣秀吉经常出现在聚乐第茶室中，因为他的家纹正是桐纹。虽然这个房间拥有书院式建筑的所有特征，但与武士房子的经典风格还是有着很大的差别——抬高区域的横木是由桧木制成的，保持着天然的形态，虽然削去了树皮，但并没有被锯开，墙角是方形的，为保持八角形而处理得十分粗糙，与书院式空间不同，天花板并没有被隔成方格形，而是一块宽阔的木板，就像简朴的住宅一样。残月亭在一场大火中被毁，后于 19 世纪在京都表千家茶道流派的土地上重建。

191

千宗旦

　　回到京都后，千宗旦（1578—1658）在大德寺学习禅宗，并试图将茶道与禅宗和其祖父千利休的侘哲学重新结合起来。在他那个时代，茶道成了封建贵族休闲娱乐的方式，大量茶师改行，千宗旦的生活贫困潦倒，因此他被称为"乞丐"。尽管他受到许多非议，但他从未替封建贵族工作过，这也许因为他不想因为卷入权力的纠葛而最终成为像他祖父那样的牺牲品。同一时期的编年史《茶话指月集》中描述了他的茶风：

"千利休的孙子千宗旦不求名誉，也不求财富，即使到了70岁时，他的窗户上也总是挂着竹帘，目的是为了让这个地方的气息保持纯洁。在开心的时候，他会在雪天的清晨或有月光下的夜晚，邀请茶友们过来，但在其余的日子里，他更喜欢一个人待着。如果碰巧有人问他关于茶道的问题，他会回答，在学习了禅宗和茶道之后，他没有再学过什么新的东西。"

189.千利休的次子千绍安在京都本法寺中建造了残月亭，复制了千利休在聚乐第中建造的彩色书院。此图为京都表千家茶道流派中重建的残月亭

190.彩色书院（左）与残月亭（右）的轴测图

191.千宗旦的画像

---

① 之所以取名为彩色书院，是因为里面所有的木制部件都是用墨和氧化铁的混合物绘制的。
② 园艺植物。

192

千宗旦的茶室

千宗旦的建筑风格就像他的茶风一样，都带有千利休的特征，他的茶室中充满侘哲学的创新精神。他继承了祖父的意愿，依照千利休的理念，于1615年在表千家茶道流派的土地上重新建造了一叠半大小的不审庵。这间茶室空间很小，千宗旦进一步促进了侘风格的简化：除了采用最小尺寸的空间之外，他还运用了一种与待庵茶室中十分相似的壁龛，这种壁龛的各个面上都覆有黏土，铺有榻榻米的地板上也覆盖有黏土。千宗旦的儿子江岑宗佐后来在父亲的同意之下改造了房间，并将其扩大为三又四分之三叠的空间，该形式一直流传至今。

后来，千宗旦又设计了三个茶室：今日庵、又隐庵和寒云亭。今日庵是千宗旦侘精神的最终体现，他减少了茶室中的基本元素，甚至于去掉了壁龛。该茶室今天坐落在京都里千家茶道流派的土地上，位于建筑群的南侧。它的建筑结构十分简单：茶室角落里的四根圆形支柱支撑着简易的、悬于入口区上方的单坡屋顶。屋顶的底面在内部可见，天花板的整个表面展现出统一的设计风格。今日庵是个两叠大小的茶室，但只有一又四分之三叠的区域铺有榻榻米，剩余的区域则铺设木板，通过延伸至地板的袖壁与其他空间隔开，旁边设置有躏口。房间里没有壁龛，卷轴挂在主人入口旁的墙上，也没有薄板，花瓶直接放在木板上。房间里没有水屋，只有一个用来放置茶具的橱柜，位于主人一侧，在千利休早期茶室中也能找到这样的元素。连子窗和下地窗位于第三面墙上，尽管空间较小，但空间里对布局的限制比较少。

在今日庵建成之后，千宗旦继续为自己的家族工作，直到1653年退休。在退休前，他建造了另一间茶室，取名为又隐庵，意思是"第二次的离去"。又隐庵外观上最显著的特征是用灯芯草覆盖了屋顶，这个屋顶赋予了这座建筑巨大的可塑性。内部空间则完全遵循了千利休四叠半大小的聚乐第茶室，北侧为壁龛，南侧为躏口。在躏口的上方是倾斜的天花板和一个经过切割的天窗，其他地方的天花板是水平的，高1.8米。表面可看到的还有两扇窗户，一扇下地窗位于躏口的上方，而另一扇则位于客人一侧的墙上。

由于今日庵和又隐庵作为侘风格的茶室无法满足贵族们的新需求，千宗旦另外建造了寒云亭，用以接待贵族。这间八叠大小、书院式风格的空间内有着书案和一个六尺宽的壁龛。著名的画家狩野探幽根据中国巫师的描绘装饰了主屋中的六扇袄。虽然寒云亭具有书院式空间的基本特征，但千宗旦仍然加入了侘风格的布局——天

192. 京都表千家茶道流派不审庵中的四分之三叠席子

193

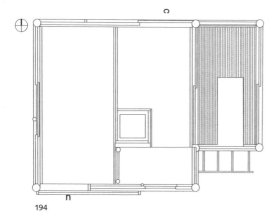

194

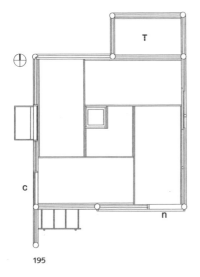

195

193. 在没有壁龛的情况下，卷轴挂在主人入口旁的墙上。图为京都里千家茶道流派的今日庵

194. 今日庵的平面图

195. 京都里千家茶道流派中又隐庵的平面图

196. 又隐庵外观上最显著的特征是用灯芯草覆盖的屋顶

196

197

198

千宗旦还发现了千利休茶室由空间张力传达出的突出魅力。通
过不审庵和今日庵，他终于证明了自己是祖父的传承者。又隐庵是
德川时代无数茶室的典范，因为它经典的四叠半空间是千利休风格
的代表。

千宗旦将家里的财产（小川街前后一半的房产以及武者小路街
上一块狭窄的土地）分给了他的儿子们，他的儿子们也成了日本迄
今为止最重要的三家茶道流派的创始人：武者小路千家、表千家和
里千家，这些名字是根据他们所分得财产的所在地来命名的。几个
世纪以来，这三块土地通过各自的家元历经各种各样的变化，尤其
是表千家和里千家的地产上建了很多茶室、茶屋和露地。千宗旦的
儿子们认为他们是千利休遗产的守护者，但他们却受到了来自各方
面的质疑，其中包括千宗旦最著名的四位学生，人称"宗旦四天王"，
分别是藤村庸轩、杉木普斋、山田宗徧和久须美疎安，他们不仅延
续了千宗旦的思想，而且在茶室设计、文学作品创作以及其他创作
活动中也取得了巨大的成功。和千宗旦的儿子们一样，他们也积极
地在有影响力的圈子里传播侘美学，由于当时这个国家处在一个相
对和平的年代，大名及富有的商人们重新对茶道、能剧及其他传统
艺术产生了兴趣。

197.又隐庵是一个四叠半的传统茶室，壁
　　龛位于北边，躏口位于南边
198.千宗旦建造了寒云亭，以接待贵族成
　　员。八叠的书院式空间里有一张书案
　　和一个六尺宽的壁龛。图为京都里千
　　家茶道流派的寒云亭茶室

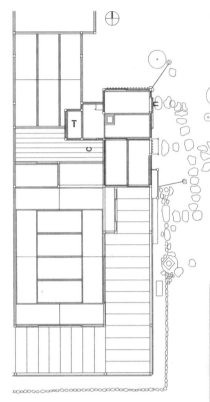

199

200

资产阶级的影响与明治维新

"……虽然茶道过程中的一些行为在形式上很奇特，但我不知道这个在家中举行、讲究装饰，且所有餐具都要按照规定使用的晚宴中的礼仪，对于第一次遇到这些仪式的日本人来说，是否是正常和可理解的。"

——爱德华·莫尔斯

201

片桐石州与本阿弥光悦

在茶界备受尊敬的两位茶师片桐石州（1605—1673）和本阿弥光悦（1556—1637）促进了茶道在资产阶级中的传播。片桐石州在千利休的儿子千绍安的引导下了解茶艺，又和之前的许多茶师一样，在大德寺中学习禅宗。尽管他被看作是小堀远州的继任者，但他的风格主要是受到了千利休侘哲学和宫廷文化的影响。虽然他的风格既没有千利休的严谨，也没有小堀远州的艺术意义，但正是这种与当代趋势不同的风格，奠定了当时茶道的基础，这种风格不仅可以让茶道服务上层阶级的人，也可以让茶道被商人阶层了解。

1663 年，片桐石州为他的父亲在奈良小泉町附近建造了一所纪念性的寺庙——慈光院，这是他最重要的建筑，从中可以感受到他的审美理念是尽可能保持自然和具有约束性的侘美学。这座建筑坐落在大和平原边缘的一座小山上，从书院式风格的主屋向外眺望，可以看到奈良周围美丽的景色，这里至今仍然没有受到城市扩张和工业建筑的影响。从书院式的接待室经过走廊可以通向慈光院中的茶室，在茶室前有一个两叠的房间，通过两扇袄与茶室分隔开来。如果把这些元素都去掉，二又四分之三叠的茶室可以扩大到四叠多。沿着客人席的两扇障子窗为茶室创造了一块明亮的区域，与被中柱和袖壁隔开的主人席一侧的昏暗形成了强烈对比。如果说大名茶的代表们非常希望把主人的位置尽可能地放在茶室中央，那么片桐石州则是遵循了千利休的思想原则，对他说来，主人席应该放在从属的位置上。壁龛放置在主人席的旁边，透出安静、简约的气息，它的内角、柱子和底部的架子都是由桧木制成，十分朴素，就像中柱一样，树干上仍然保留有树皮。从这样的形式中可以看出片桐石州的双重设计理念——茶室既有规律的、宽敞的书院式部分，也会带有不对称但十分平衡的风格。

199.小泉町慈光院中茶室的平面图

200.慈光院茶室中的内角、床柱以及底部的架子都是由桧木制成，十分朴素，就像中柱一样，树干上仍然留有树皮，透出安静、简约的气息

201.慈光院茶室中的景致

本阿弥光悦也为茶道在商人阶层中的传播做出了重大贡献。他是本阿弥茶人的后代，与古田织部和织田有乐斋一同学习茶艺。他

还学习了绘画、书法和园林设计，也是一位漆器和陶瓷艺术家。作为一位多才多艺的人，他从很多不同的方面影响了那个时代的茶界。但他却孤独地度过了一生，同时代的人形容他是一个不受占据统治地位的封建制度所限制，且不屈服于权威的人。当时，德川幕府几乎完全接管了外省亲王的权力，随着封建秩序越来越根深蒂固，桃山时代的自由和创新精神受到推崇。由于德川幕府严格地管控了市民生活的各个领域，导致茶道也缺乏自由发展的空间，因此，茶师们几乎没有什么有趣的新创作，只是完善茶艺的个别领域。在这样的情况下，茶道的形式主义与僵化是不可避免的，从这个意义上来说，1637 年本阿弥光悦的死可以看作是整个时代衰落的象征。

随着江户文化在元禄时代（1688—1704）到达顶峰，商人阶层也已经崛起。过去，商人比军人、农民和手工业者更不受重视，但由于经济上的原因，他们的角色变得越来越重要。随着时间的推移，他们改变了儒家的价值体系，逐渐成为城市新文化的承载者。突然之间，时尚、潮流和文学品位不再是由宫廷和武士贵族引领，而是由商人们引领。歌舞伎和木偶剧等资产阶级的戏剧形式蓬勃发展，木刻版画也成了视觉艺术的焦点。优雅的休闲活动，如花道和茶道被广泛传播，在千利休的时代，这些活动曾是由商人阶层中的上层来践行的，而现在整个城市的商人阶层都参与了茶道。人们对必要的手工技能及仪式学习和实践的需求不断提升，于是出现了大量的茶道流派，每个茶道流派都有严格的等级，由获得全国教学认证和授权的家元引领。从 17 世纪下半叶开始，家元制度在一定程度上促进了茶在商人阶层中的传播。一个巨大的新市场已经打开，而且这个市场是以前依靠老师和学生之间的个人关系不可能带来的。家元制度带来了茶道的民主化，并使人们逐渐接受茶道，这一点一直延续到了今天。

202. 资产阶级茶文化。18世纪，矶田湖龙斋
木刻版画中的伊势屋茶室

203

204

茶室的新概念

　　尽管拥有便利的条件，千家茶道流派还是进入了长期的停滞状态。当千利休的思想显然无法仅在侘风格这唯一的背景下延续时，这些茶道流派的大师们便试图引进新的元素，而这些元素更符合当时的时代精神。他们对茶风和茶室建筑都进行了改造，从而使各茶道流派可以进一步加强和巩固自己的地位。这些茶道流派的家元都是千利休的直系后裔，这对许多想学习茶道的学生来说是一个决定性的选择因素。原叟宗左（1678—1730）是表千家茶道流派的第六任家元，除了教学方面的创新之外，他还推动并发展了新的茶室设计——将主人区隔开的茶室。同时他又创造了两种新的壁龛形式，一种是四分之三叠大小的壁龛，另一种则是只有半叠大小的方形壁龛。

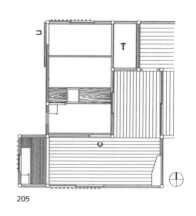

205

　　原叟宗左的继任者天然宗左（1705—1751）沿着前任的道路继续前进，在他的领导下，表千家在三个千家流派中发挥了主导作用。在1740年前后，他的朋友在大德寺的玉林院中建造了一座纪念室，并将其命名为南明庵。这座纪念室连接着蓑庵茶室和一间书院，同时它也被用作茶室——如有必要，可以以茶道仪式的形式来举行佛教仪式。那间书院为四叠半大小，且有一个带格橱的壁龛，格橱中布满交错的隔板，这些元素的组合极不寻常，因为通常隔板都是并排放置的。在格橱的后面挂着一幅富士山的画，格橱的形式旨在通过诗意的方式唤起人们对空中云层的记忆，壁龛和房间取名为霞床席。虽然房间里有许多经典的书院式建筑元素，例如一叠宽的壁龛、被纸覆盖的墙壁和格子天花板，但其中的细节却展现了新的设计理念：通常由木头制成的长押采用的是未经处理的竹子，而熏过的竹子用于壁龛的门槛。在壁龛内放入格橱则是一个独特的概念，这种形式是在书院式的空间里加入了草庵式元素，目的是将两种风格以新颖的方式融合到一起。通过在黏土中加入稻草，使草庵式茶室的内部空间变得昏暗，这一下子就能让人感受到千利休茶室中的严谨。然而，仔细一看就会发现空间发生了变化：通过将一块木板插入到房间中央，使得三叠的空间得以扩展，同时将炉子从中心位置搬了出来，中柱的位置也发生了变化，严重弯曲又纤细的树干不再用于客人一侧和主人一侧的天花板交叉口了。这些视觉上的变化使得空间中的紧张气氛得到了放松，这种趋势可以在大德寺聚光院中天然宗左的闲隐席茶室中观察到。对于传统茶师来说，这种方式是不可理解的，但对于元禄时代商人阶层的社交圈子来说却不是这样，他们认为这样不寻常的理念是理所当然的，事实上，他们对此也存有期待。但这些创新却只是有选择性地出现。18世纪茶室中的代表是那些照搬著名茶室的复制品。

203.京都里千家茶道流派的穹顶门
204.京都表千家茶道流派的门
205.京都玉林院中蓑庵茶室的平面图

206

207

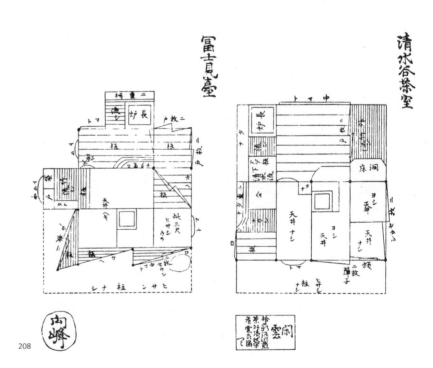

208

松平治乡（1751—1818）作为石洲流分支不昧流中的一员，成功地为茶室建筑增加了新的符号。在 20 岁时，他出版了一部著作，书中对当时的茶界进行了强烈的批判，谴责茶道中的铺张浪费，以及敏感性和茶美学精神的极度缺乏。此外，他还设计了各种茶室，并以他自己的自由风格打破了茶室建筑当时陷入的停滞状态。他的人生信条是不做任何习俗惯例的奴隶，而他也试图在茶室中实现这一信条。他并不是想推翻那个时代的经典，相反，他思想的基础是建立在传统的茶室建筑之上的。

在他位于江户的土地上坐落着几间茶室，这些建筑都没有保留下来，但通过他对著名茶室非常规的阐释可以想象出它们的样子。其中一间是一个两叠半大小的茶室，它的后面连接着一个水屋。它有一个三角的、铺有地板的夹室，由此产生的空间效果十分有趣，而且打破了常见的空间模式。茶室的图纸清楚地展现出了今日庵带给他的影响，并且茶室中也有许多千利休待庵茶室的元素。在挑选模板时，松平治乡并不局限于任何特定的茶道流派，在对茶道的记录中，他直截了当地表示，应该吸取前人作品的长处，而不是注意这些作品和特定茶道流派的从属关系。他对传统茶室建筑的广泛研究对其他茶师产生了强烈影响，对传统风格的尊重和模仿是整个明治时期茶室建筑的特点，而松平治乡为此做出了很大的努力。

明治维新的变革

1868 年，明治政府征服了京都萨摩、长洲、斗犬和肥前家族的联合军事势力，迫使幕府放弃了政治上的统治地位，天皇重新成了日本的最高统治者，并宣布神道教为国教。随着这一历史性转折的出现，茶艺、能剧以及许多其他依靠幕府资助并与之相关的艺术类型，都走向了衰落。日本所有的传统艺术都面临着在经历了两百多年的隔离政治后，在完全没有受到工业时代的影响下，亟须在夺取国家权力的过程中赶上西方的局势。随着国家的开放，西方的影响力波及全国，而许多传统则被认为是阻碍了国家的进步，"文明和启蒙"以及"脱亚入欧"这样的宣传标语使得传统的日本文化被认为是与时代不符的事物。而对西方价值观的接纳也为日本带来了西方的建筑风格，公共建筑沿用传统的日式风格建造，而对于住宅建筑，人们更喜欢日式和欧式的混合风格，这种风格被称为"准欧洲风格"。然而，除了大都市之外，日本的传统建筑和生活方式暂时保持不变，即使是在大城市中，也有很大一部分人暂时没有受到改革的影响。失去了亲王们的支持后，家元制度很快就被破坏了。里千家和武者小路千家茶道流派的家元被迫搬离了他们在京都的住所，而里千家的家元更是离开了传统茶道的核心地区—京都，前往东京。贫困的

206. 京都玉林院中的霞床席。格橱的形式旨在通过诗意的方式唤起人们对空中云层的记忆，从而为壁龛和房间命名

207. 茶室设计中的新概念——京都雪舟寺中茶室的木地板

208. 茶室平面图

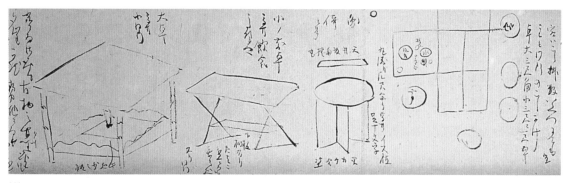

209

210

家元和其余的茶师们通过出售茶具寻找度过经济危机的办法，但收效甚微，因为在那个年代，属于这类商品的市场几乎是不存在的。然而，里千家茶道流派第十一任家元精中宗室（1810—1877）抵制了这种倾向。作为最大的茶道流派的领导者以及茶界的代表，他在《茶的真正含义》中向明治政府表示了抗议，认为茶道作为旧统治阶级的休闲活动已经声名狼藉。由于他坚持不懈的努力，茶道终于重新获得了官方的认可。这也使他被人们称为是"茶道复兴之父"。但精中宗室还是很清楚，茶艺必须要与新的时代相适应。1873年，在东京的一次展览会上他举行了茶道仪式，并第一次在这个过程中使用了桌椅。他一方面对不断变化的潮流做出了应对，例如服饰的西化，以及让人们不再端坐在榻榻米上等，另一方面也试图增加西方游客对茶道的兴趣。但传统主义者却拒绝了这种形式，仅将它看作是权宜之计。早在20世纪30年代，就有人对此进行了描述："这种风格是大约于60年前由里千家茶道流派一位茶师引进的，自从作为应急的措施以来，它几乎没有得到任何的改进。正统的茶师和茶道的支持者对引入桌椅的做法并不重视，因为他们认为这与日式的空间完全不协调。"从今天的角度来看，在茶道中引入椅子是平安时代的一次尝试，因为在中国的习俗中，茶是坐在椅子上喝的。然而在精中宗室的时代，使用椅子这一举措是令人十分惊奇的，因为这代表着需要采取新的建筑方法。例如，需要将视野极低的壁龛抬高。精中宗室还预见到在那个时代会出现更多外出游历的情况，随着越来越多的人长时间离家，他发明了放在茶箱中的可移动茶具，使旅行者在任何时间、任何地点都可以举行茶道仪式。

当然，日本建筑风格的西化也对茶室建筑产生了影响。随着西方的建筑技术的引入，越来越多的数寄屋和茶室以西式的风格建造，人们开始用砖石替代木材。于是出现了更大的房间以及宽却不连贯的墙面，这令人十分怀念早期茶室高密度的空间。只有在个别的案例中，例如在松浦武四郎（1811—1888）所建的仅用来给自己烹茶的一叠空间内，仍可见千利休的精神。然而，具有早期建筑特色的茶室只是个例，它们很少会出现在住宅中或餐馆中。

209. 立礼摆放的草图
210. 为旅行者提供的可移动茶具

211

冈仓天心（1862—1913）与《茶之书》

在明治维新后的几十年里，几乎没有人注意到日本传统的艺术形式。西方艺术的表现技巧被日本艺术家所接受，但本土艺术也开始缓慢发展，这在很大程度上要归功于美国的哲学家芬奈罗萨（1853—1908）和他的日本学生冈仓天心的作品。他们认识到日本传统文化的基础性和重要性，通过他们的努力，很大一部分日本国家文化遗产得以保存下来。冈仓天心深信日本艺术会在国际上得到认同，他于 1904 年和 1906 年用英语分别出版了《觉醒之书》（*The Awakening of Japan*）和《茶之书》（*The Book of Tea*）。在书中，他介绍了日本的茶道，并表示这是一种艺术传统和哲学，对他来说，这也是日本文化的最高成就之一。在书中，他描述了日本茶道所占据的中心地位：

"日本茶学说是日本与世界其他各国隔绝后的自我内省，这一直是一个很大的优势。我们的房子、习俗、服饰、菜肴、瓷器、漆器、绘画，甚至我们的文学，所有的这一切都受到了茶学说的影响。每个研究日本文化的人，都不能忽视它的存在。"

1927 年，这本书第一次以日语的形式出版，使人们对日本的茶道有了更新的认识。在西方对日本文化的热情逐渐消散后，日本人意识到了他们面临的形势以及文化自我认同的重要性。特别是在寻找日本艺术的价值时，茶道与其他不同艺术类型的结合发挥了重要作用。随着日本资本主义制度的稳定发展和传统日本艺术形式的回归，茶道得到了强大的新家族的支持，实业家三菱家族、三井家族、鸿池家族和住友家族延续了亲王们收集茶具的传统。在明治时代初期，大量的古物已经进入市场，一些收藏家甚至建造了博物馆来展示他们的珍宝，他们还举办古代艺术品的展览，增加公众对日本文化的了解。虽然这样做也存在使人们过分注重仪式的问题，但茶道仍然重新得到了普及，尤其是在实业家们的家庭中。

211. 烹茶的艺伎

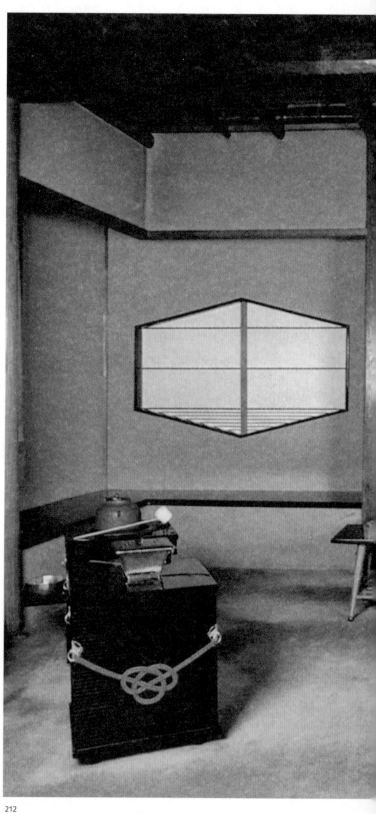

212. 京都里千家茶道流派自精中宗室以来建
造的第一间以立礼形式设计的里千家家
元的茶室

212

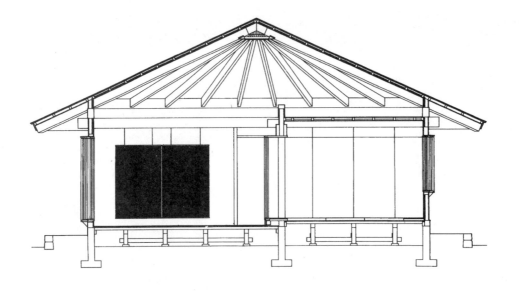

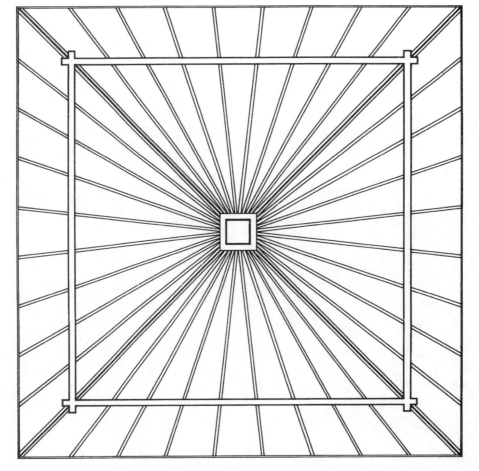

213

今天的茶室

"由于茶室既不是绘画也不是建筑，所以人们将它称为建造的
抒情诗。"

——布鲁诺·陶特

214

第二次世界大战与战后的压力影响了茶道艺术的发展。但很快，
茶室的建造成了日本建筑界面临的挑战。日本的茶室与日本传统建
筑直接相关，其原型是数寄屋风格建筑。直到今天，筱原一男、黑
川纪章、安藤忠雄等日本建筑师还在不停地探索茶室风格和日本建
筑的基本原则。1950 年，东京松坂屋百货公司为一场日本茶道展览
设计了两间带有桌椅的茶室①，然而并没得到茶界的认可。直到淡淡
斋（1893—1964）成为里千家茶道流派第十四任家元时，这种茶室
才得到了家元的最终认可。1953 年，在淡淡斋 60 岁生日之际，他的
妻子嘉代子在里千家茶道流派建筑群中的茶室里布置了桌子和矮凳，
这是自精中宗室以来，第一间以立礼形式设计的里千家家元的茶室。
1956 年，里千家茶道流派在京都建造了一间茶研究中心，并在那里
以这种形式建造了两间茶室。淡淡斋成立了里千家茶道流派的国际
分部，并将他的儿子十五代目千宗室，即今天的家元十六代目千宗
室的父亲，于第二次世界大战之后送到欧洲和美国，介绍并传播日
本的茶道。茶道哲学跨越了国家和文化的边界，令人信服，如今被
世界各地的人们实践着。20 世纪里千家茶道流派的家元不仅懂得如
何保存茶道的基本特征，而且使茶道开始变得更普遍。

即使是在今天，仍有茶室是以传统的草庵式建造的。但它们很
少能呈现出早期建筑的精神。这些茶室的材料选择和整体布局中有
传统茶室的影子。然而，现在仅有少数高度专业的工匠掌握着建造
茶室所需的复杂技术，并且茶室的建造需要巨额的金钱支持。一个
按照传统建造的新茶室的成本高达每平方米 1000 万日元，这远远高
于一间住宅的价格，因此，茶室成了世界上成本最高的建筑。如今
可以使用现代的建筑方法建造茶室，当然，它的外观会发生一些变化，
传统的草庵茶室中的建筑元素又细又长，但新茶室使用的是较粗的
柱子，而且它们并不是简单地放在埋入地下的石头上，而是放在条
形的混凝土板基上。如今，市场上也提供预制茶室的服务，价格也
相对合理，并且已经在互联网上推广至全世界。根据日本一家建筑
公司主页上的信息，我们可以知道长生庵茶室的价格大约为 6 万美

213.筱原一男伞屋的屋顶使人想起了伞亭
214.神道教神社中十五代目千宗室烹茶的场景

---

① 在立礼仪式中使用桌椅，参见《资产阶级的影响与明治维新》一章。

215

元。建筑材料会在下单后大约两个月内交付，购买后可以自己组装。虽然这能使每个人都可以拥有一间茶室，但这在标准上违背了每间茶室都应根据其环境的具体情况进行设计的原则。

对于建筑师来说，茶室丝毫没有失去它的吸引力。在过去的二十年里，有不少日本建筑师重新诠释了传统的茶室。他们对待传统的不同方式，将通过以下例子加以说明。

黑川纪章

从 17 世纪起，人们就开始建造那些著名茶室的复制品，著名建筑师黑川纪章（1934—）就是其中之一，他复制了小堀远州的茶室。他曾在一篇文章中阐述了自己的动机：

> "我设计它的目的在于通过重建一个已经不存在的茶室，使一个在日本美学发展中发挥了突出作用，但今天已经被遗忘的象征重获力量。这种被遗忘的理念与长期以来被看作是日本美学基本原则的'侘寂'密切相关。"

由于这座建筑已经不存在了，黑川纪章不得不通过它的草图和现存的描述来了解它。虽然他仔细地了解了所有的建筑元素，以及建筑元素的材料和尺寸，但与完美的传统茶室还是有偏差，例如床柱，以及木材的表面处理。而且，在实际的重建过程中还会遇到关键信息缺失或不够清楚等问题。例如，一篇文章中提到，小堀远州茶室的床柱是由"kunogi"制作的，"kunogi"是日本的方言，要经过辛苦的研究才能确定这是一种橡木。根据黑川纪章自己的陈述，他寻找了十年，才找到糊到壁龛上的旧书店中的旧日历，此外，他花了更长的时间才等到他的木工为他拿来带有特定曲线的柱子，因为他觉得这才是最适合壁龛的。这些陈述表明了他的心酸经历，也表达出了他追求尽可能真实的决心。

原广司

在过去的十年里，原广司（1936—）以京都火车站、大阪梅田蓝天大厦等大型项目而闻名。因此他知道如何将大型建筑与他特有的后现代设计语言结合起来。20 世纪 80 年代末，他在东京西北部的水泽市建造的一座茶室，由于空间概念的原因受到了关注——在一座建筑里有两间茶室，即房子中的房子，一间茶室有四叠半大小，另一间则有八叠大小。它们位于 5 米高的空间内，并且都是开放性建筑，可以通过一间茶室的玻璃墙面观察到另一间茶室。除了几个窗口之外，其外部整体上是封闭的，所以大部分的光线是通过两扇

215. 现代茶室的壁龛

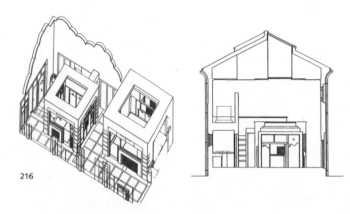

216

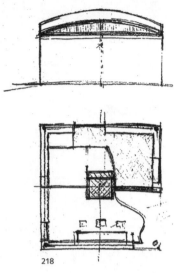

218

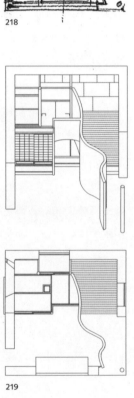

219

217

天窗进入房间的。尽管它的建造原则既清晰又简单，但由于各种材料（木材、混凝土、大理石、石膏、花岗岩、玻璃和金属）的使用，以及为了展现出原广司的典型装饰效果，使得建筑空间看起来有些杂乱。在石膏上绘制的云形状，由于棱镜的原因，破碎的彩色阳光以及蚀刻玻璃上的不同图案增加了装饰的附加价值，但也搅乱了空间。

矶崎新

1983 年，李欧·卡斯特里画廊在纽约举办了一场名为"Folly"（荒唐事）的展览。展览邀请建筑师选择他们认为在花园里吸引人的建筑，然后设计出图纸。矶崎新（1931—）选择了日本茶室，他认为日本茶室完美地诠释了展览的标题和意义：花园里的茶亭，仅仅是为了"无用的"茶道目的建造的。这引起了原利夫的注意，于是他在东京实现了矶崎新的设计，并根据道元禅师的哲学理念将这座茶室命名为"Uji"（宇治）。茶室是一座由砂岩建造的建筑，屋顶由铅制成，呈弧形，底部铺设有不锈钢板。人们通过蹴口进入内部，蹴口也是由不锈钢制成的，或者通过铝制的障子进入内部的等候席，这也适合于立礼仪式。而后面的屋子直接锁上，仅用障子隔开，实际的茶室为二又四分之三叠大小。该建筑在材料选择上很谨慎，壁龛很像铺有铅板的屋顶，床柱是由从药师寺中挑选的一根老旧木梁制成。钛钢制的弧形墙将入口区域和水屋与主室分开。矶崎新对所使用的各种材料，通过一期一会[①]的概念角度解释如下：

> "特定茶道仪式中，茶具和挂轴的选择随着场合的变化而变化。因为每一次的茶会都是独特的，是根据具体情况变化的，如邀请的客人等；同样的茶具和挂轴组合不会再出现第二次。建筑的布局秉承了这样的理念：即使是不适用于普通建筑的材料，也会保留每一种材料的特殊性，以此作为茶道小室风格的一部分展现出来。"

内田繁

内田繁（1943—）是日本最著名的室内设计师之一。在他的作品中，经常讨论日本传统文化和现代性在多大程度上可以联系起来的问题，这也是他的作品中经常包含茶室的原因。1998 年，他与阿尔多·罗西合作，设计了九州门司市的门司港酒店。作为室内设计的负责人，他为茶道准备了一个房间，是按照房子中的房子的原则设计的。茶室是用磨砂玻璃制成的立方体，内田繁把它放在一个用柔软的、淡黄色的和纸糊起来的空间内。人们通过传统的蹴口进入里面这个两叠大小的房间，房间的地板稍微抬高了一些。1993 年，

---

① 详见《草庵式茶室的发展》一章。

220

内田繁为展览设计了三间茶室，分别是想庵、行庵和受庵。它们是三个大小相同的空间，只有墙壁和天花板的设计是不同的。尽管三间茶室的体积相同，但内田繁通过使用不同的材料，创造出了完全不同的空间体验。他试图以这种方式，表达出不同的形式，如正式、半正式，非正式等①。

出江宽

1996 年，出江宽（1931—）通过奈良一间获得国际建筑学会颁发的杰出奖的茶室探讨了茶室传统的另一方面。他使用便宜的材料，如薄锌板、旧报纸、简易的钢制 I 形支座，重新诠释了传统的茶室美学，因为旧茶室往往是用周围环境中可用的旧材料和新建筑材料精心打造而成的。对他来说，茶室美学的核心并不是传统木结构所营造的舒适氛围，材料才是根本的问题，他重视材料的来源，以及随着时间推移材料会如何变化。在出江宽接受采访时，他谈到了自己的理念："由于建造的成本很高，日本的传统茶室有消失的危险。然而，起初千利休开创茶道并不是为了那些有特权的阶层，而是为了并不怎么富裕的阶层，因此，茶室中体现的是中下阶层的美学……茶室中使用的是穷人们也能接触到的材料。在世界各地，重要的建筑都是为了国王和上流社会建造的，日本是唯一一个建造数寄屋建筑的国家，创造了一种为了穷人的新美学，而这一点正是由千利休所触发的。"按照传统茶室的标准，这座 10.6 平方米的建筑将耗资 5000 万到 1 亿日元，但在出江宽使用了工业材料后，只需 500 万日元。有了筒壳屋顶和锌板制成的隔板，它的外观更容易让人想起工业建筑和花园中的小屋，而不是一间茶室。它的内部设有镀锌的金属板，表面有一个类似于早期茶室黏土墙上的秸秆图案。壁龛的空间是一个稍弯曲的半圆形拱顶，深度不确定，类似于覆有黏土的壁龛。床柱由 I 形支柱构成，主人一侧的墙壁完全是按照早期传统的茶室设计的，使用旧信件和日历盖住墙壁，并糊上旧报纸。在一次采访中，他叙述了他是如何看待茶室的："我想要复兴茶道，也想要颠覆日本的传统茶室，就像是用锤子砸碎它一样。通常情况下，建造茶室是十分昂贵的，会使用名贵的材料和成本极高的技术，但我的茶室只使用价廉物美的材料。I 形支柱的整体价格绝不会超过 1000 日元。

221

220.想庵、行庵和受庵的夜景
221.行庵的内部空间

---

① 这些术语来源于 "kai- gyo-so"，这是三种不同类型书法的术语，其中 "kai" 对应印刷字体，"gyo" 用于圆角字符，"so" 则表示斜体的、自由的书写风格。通常译为 "正式、半正式、非正式"。"kai" 是人们严格控制或设计的东西，如书院的标准化装饰美学。而村田珠光的美学则与 "gyo" 体系相对应，即半正式的风格。相比之下，千利休风格的茶室可以被看作是非正式的，即 "so"。

222

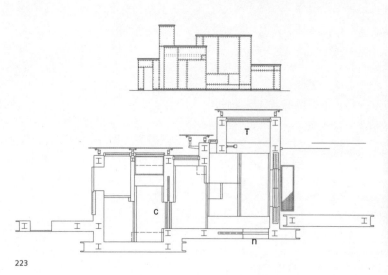

223

224

我想用这种新型的茶室把茶道还给普通人，我想证明，不是一定要用一流的石头和柱子来建造茶室，锌板也可以，即使是旧报纸也可以。我也想证明，建造茶室可以更便宜。"

在位于宝冢市的另一间茶室中，他也采取了类似的做法。茶室位于高层建筑的屋顶上，当地居民非常容易就能进去。它是一座公共建筑，任何有兴趣的人都可以租用。这间茶室有两叠大小，由钢筋建造而成，采用的都是廉价的材料，它的特色是单个建筑元素的比例、各元素的连接和不同的材料纹理。出江宽在花园中使用了旧瓦片，在茶室内部铺设了金属板，这些都与位于奈良的那间茶室相似。

225

安藤忠雄

在安藤忠雄 (1941—) 的作品中，茶室也是经常出现的主题。他的作品很多都是清水混凝土建筑，尽管使用了现代化的材料，但这些空间还是充满了茶道的魅力。安藤忠雄曾经设计过一个用混凝土建成的茶室，建筑面积只有 3.92 平方米，他遵循的是草庵式茶室传统中最小空间的建筑原则。茶室的磨砂玻璃上刻有银杏叶的轮廓。阳光可通过障子纸透进房间里，反射到抛光的混凝土墙上。另一间茶室建在大阪一家旧商户的屋顶上。由于空间不足，导致露地不得不使用新的结构——垂直结构。人们爬上陡峭的梯子来到等候室，再通过一座窄桥来到住宅的屋顶，到达茶室，茶室是建筑的最高点。房间内的所有区域都覆盖着由日本椴木制成的胶合板。

寂禅

寂文化研究所基于茶道精神价值即将丧失的情况，为茶道的进一步传播设置了目标。1992 年，寂文化研究所支持了一项名为寂禅的活动，该活动是在日本一些著名文化工作者的倡议下举行的，旨在重新解读茶道。在超过 70 名请求合作的国内外设计师与建筑师中，有 52 人为这次的活动做出了贡献，其中包括埃托·索特萨斯和三宅一生等家喻户晓的设计师。黑川雅之负责东京原宿任务大厅的设计。他在此次活动的展览中提供了有关茶室空间陈设的信息："展览馆就像是茶室的缩影。按照日本建筑的基本概念，非常普通且适合大厅的材料应该放置在现有的空间内，以实现不超过一层楼面的设计，照明也会集中在这里，从而突出与周围墙壁之间的距离，这留给人的印象就是，空中飘浮着一个巨大的舞台，而舞台上建造了六间茶室。"

222. 宝冢市的茶室
223. 宝冢市茶室的外观和平面图
224. 宝冢市茶室的内部空间
225. 带椴木板的茶室剖面图

茶室是由内田繁、喜多俊之、杉本贵志等人设计的。形式上更加多样化，他们甚至改变了榻榻米的形状。喜多俊之的设计十分引

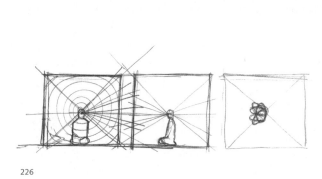

226

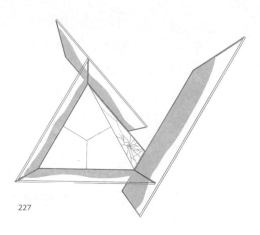

227

228

人注目，他在他的作品中不断探索传统与现代之间的紧张关系。对他来说，几个世纪以来在传统工艺技术方面积累的经验具有核心意义。他为展览建造了一间茶室——边长为1.8米的立方体空间是由彩绘木条制成的，两张榻榻米席子构成了地面。根据易经里的思想，喜多俊之认为，这个空间代表了整个宇宙。

茶室可以建造在世界各地，因此，茶道的真正情感也可以传达给那些没有机会来到日本的人。茶道在全球范围内的传播并没有停止，正如奥地利《标准报》在"太空中的茶道"这一文章中所报道的那样："日本科学家的目标是在国际空间站建造一个茶道场所，让宇航员的身心放松。日本航天局宇宙开发事业团的发言人说：'太空旅行可能会让人在心理上感到压力，因此才有了建造一个能让他们放松身心的空间的想法。'该机构与艺术学教授和学生合作，提出建造一个4平方米大小，带有芦苇席的空间。"①

在一定程度上，今天的茶道又成了富人的一种娱乐方式。茶具十分昂贵，更不用说建造一间传统的茶室，因此，茶需要众多的日本人来共同来实践，不仅因为这是日本具有历史渊源的真正艺术形式，也是因为茶道仪式把茶和上流社会联系了起来。自从有了这种态度，茶文化便已经失去了它在千利休时代所塑造的平等的原则。许多日本人意识到了这个问题，他们希望千利休的精神能在日本持续存在下去。十五代目千宗室的次子，寂文化研究所所长概述了这种心情："令人失望的是，目前茶道的作用仅仅是传统的休闲娱乐，或者被视为对新婚妻子的训练。可以毫不夸张地说，正是在这种失望中，使我有了发展寂的动力。我们的目标是为茶道开辟新的自由空间。然而，创建寂的主要目的并不是通过摧毁传统茶道来彻底改变茶会。相反，应该找出构成茶道文化的不同因素，并向广大公众，向大多数生活在当下却从未接触过茶道的人公布研究的结果。"

现在，大量的建筑师和设计师仍致力于茶道的研究和推广，甚至有些人认为茶道是他们设计理念的核心，这证明了日本茶道十足的吸引力和重要性。它试图摆脱令它停滞不前的传统，但同时又不能忽视这些传统，虽然纯粹派艺术家对此持怀疑态度，但他们可能会为茶道继续成为日本文化生活中充满活力的一部分指明方向。

226. 喜多俊之于1992年为寂禅展览所画的草图
227. 1992年，寂禅展览中铺有三角形榻榻米的茶室
228. 慈光院中喝茶的学生
229. 设计师一色茶室中的竹墙和竹天花板

---

① 摘自2002年2月的奥地利《标准报》。

政治与文化事件	历史时期	茶道与茶室的历史
– 大和和出云是氏族制度下的地域中心和政府 – 与亚洲大陆的往来经过韩国	**弥生时代晚期与古坟时代**	
– 引进佛教（558 年），加强与朝鲜的文化交流 – 中国唐代宫廷中有了第一个日本公使馆	**飞鸟时代** （552—794）	
– 710 年，奈良时代开始 – 国家是根据中国唐代的模式在圣武天皇（在位时间 724—749）的领导下建立起来的 – 六合、难波和信乐成为首都 – 奈良再次成为首都（745—794）	**奈良时代** （710—794）	– 730 年前后，首次出现了日本饮茶的证据，它与许多其他文化一样，是从中国引进的 – 772 年，陆羽在中国写下了第一部有关茶的书籍——《茶经》 – 茶主要是在宫廷中享用，是贵族娱乐活动中的一部分
– 京都（平安京）成为首都 – 与中国建立更紧密的关系 – 贵族文化逐渐繁荣，但很快，中央将越来越多的权力让给了地方的亲王 – 平氏家族与源氏家族间的战争	**平安时代** （794—1185）	– 815 年，僧人永忠向嵯峨天皇奉茶 – 1191 年，荣西禅师在中国停留数年后返回日本，同时带回了茶籽和中国的茶道礼仪
– 1192 年，源赖朝成了镰仓时代军政府的第一位将军 – 禅宗佛教日益扩大影响	**镰仓时代** （1185—1333）	– 1211 年，荣西高僧撰写了《吃茶养生记》，强调了茶的药用价值 – 茶道开始在寺庙里流行 – 武士也经常会在花园的亭子里饮茶，并引入了奢华的斗茶游戏，使茶享有很高的人气
– 1333 年，镰仓幕府倒台，南北朝内战开始 – 1338 年，足利尊氏创立了室町幕府 – 1392 年，随着内战的结束，东山与北山宫廷文化蓬勃发展 – 1467—1477 年，应仁之乱，大德寺同其他寺庙一起被烧毁 – 1543 年，葡萄牙人到来 – 1549 年，神父弗朗西斯科·哈维尔开始改变日本的宗教信仰	**室町时代** （1333—1573） **南北朝时期** （1336—1392） **北山时期** （14 世纪晚期与 15 世纪早期） **东山时期** （15 世纪下半叶） **内战时期** （1478—1568）	– 作为快速传播的饮品，茶也可以进入下层阶级 – 茶会在宫殿中的集会场所中举行，房间里的陈设与华丽的书院式建筑相对应"茶人"负责对茶水仪式性的使用，同时还制定了之后展示茶具的规则 – 1476 年，"茶人"能阿弥撰写了一本《幕府宅邸侍奉手册》，其中描述了茶具的布置

政治与文化事件	历史时期	茶道与茶室的历史
		– 1486 年，出现了第一间茶室——带有地炉的同仁斋
		– 村田珠光（日本茶道的创始人）开始仿照典型的隐士小屋建造小型茶室
		– 武野绍鸥发展了侘哲学，将四叠半大小的茶室作为标准茶室
	安土桃山时代（1568—1600）	
– 织田信长与丰臣秀吉时期国家统一的进程		– 千利休完善了侘的思想，发展了草庵式茶室——昏暗的环境氛围，最大限度地缩小空间尺寸。同时，他建造了待庵茶室
– 1590 年，丰臣秀吉统一日本		– 1587 年，北野大茶会，建造了超过 800 间茶屋
– 1592 年，朝鲜战争		– 古田织部被认为是大名茶风格（更大的空间，明亮的环境氛围，对礼仪的高度尊重）的创始人，他最著名的茶室是燕庵茶室
		– 千利休的儿子千绍安建造了残月亭
		– 织田有乐斋建造了如庵茶室，其中有许多有趣的内部空间结构
	江户时代（1600—1867） 宽永时期（1600—1670） 元禄时期（1625-1725）	
– 1600 年，关原之战；德川家康战胜最终的对手，统一全国		– 细川三斋改变了茶室内室与外室之间的过渡区
– 1603 年，德川家康在江户建立幕府，巩固政治威望		– 小堀远州让大名茶风格到达顶峰：房间融合了草庵式和书院风的元素。最著名的茶室是密庵和忘筌
– 1635—1639 年，德川家康加强对国家的控制和区域划分		– 金森宗和引起了宫廷贵族对茶的兴趣，建造了 Teigyokuken 茶室
– 1690—1774 年，市民文化发展到顶峰		– 1620 年，桂离宫开始建造，受到茶室风格的影响出现了新的美学——数寄屋风格
– 1820—1835 年，德川幕府统治衰落		– 千利休的孙子千宗旦为复兴侘哲学而作出了努力。建造了不审庵、今日庵、寒云亭和又隐庵等著名茶室，建立了迄今为止最重要的茶道流派：里千家、表千家、武者小路千家
– 来自国外不断增长的压力使得政局不稳		
– 1853 年，英国司令官佩里进入日本		
– 1854 年，日本被迫缔结贸易协定		

政治与文化事件	历史时期	茶道与茶室的历史
		– 本阿弥光悦和片桐石州在已成型的富商阶层中推广茶道 – 1740 年前后，在茶室设计中出现了新趋向，同时也有人频繁地复制经典的范例 – 松平治乡在茶室设计中加入了许多创新
– 1868 年，德川幕府统治终结 – 确立神道教为国教 – 现代化和工业化进程加快 – 1889 年，确定明治宪法与议会政府 – 殖民扩张 – 1894 年，中日战争 – 1904—1905 年，日俄战争	明治时期 （1868—1912）	– 由于社会政治发生变化，茶文化受到了影响 – 精心宗室的玄玄斋得到了将茶室作为一种艺术形式的官方的认可，并以立礼仪式（一种在桌椅上举行的茶道）的茶道对新趋势做出了应对 – 1906 年，冈仓天心出版了《茶之书》，这是对日本茶文化的重新评价
– 1914 年，日本加入了第一次世界大战 – 1923 年，关东（东京）大地震	大正时代 （1912—1926）	– 第二次世界大战后茶文化停止发展
– 1937—1945 年，中日战争 – 1941 年，珍珠港事件 – 1941—1945 年，太平洋战争 – 1945 年，美国向广岛和长崎投掷原子弹 – 1964 年，奥运会在东京举行	昭和时代 （1926—1989）	– 茶文化重新缓慢发展
– 1995 年，阪神（神户）大地震	平成时代 （1989 年起）	– 里千家茶道流派尤其关注茶道的传播与国际化

破晓时的仪式：

在一年中最寒冷的时候举行，客人会在凌晨 3~4 点之间，甚至是在太阳升起之前到达。

清晨的仪式：

在夏天天气变得很热之前举行。

茶箱：

包括除了水方、风炉和煮水炉之外的所有茶具。

布置在壁龛中的花：

与花道不同的是，它只是在一个简易的花瓶中插入了一两朵花。

茶叶罐：

用来盛装茶粉的小容器（茶道中最重要的器具之一）。

茶道的全部过程：

包括将木炭加到火中的仪式、提供怀石料理、饮浓茶和淡茶。

"茶人"：

茶道文化的追随者。

长方形白色亚麻窄布：

用来擦拭茶道仪式前后的茶碗，事先用水保湿，并以规定的方式折叠。

茶筅：

将茶粉和热水混合（浓茶）或将茶粉打成茶沫（淡茶）工具。

茶匙：

弯曲的长勺，将茶粉舀进茶碗里的工具，以前是用象牙或铁制成的，现在几乎都是用竹子做的。大多数茶师都有自己的茶匙。

茶碗：

由陶瓷制成，无柄。

方形丝巾：

主人用它在客人面前清洗茶具。

盛装木炭的可移动容器：

在夏季代替地炉，可由铁、青铜、银或陶瓷制成，并根据其大小和形状来命名。

羽毛扫帚：

分为两种类型：一种用来清理榻榻米；另一种小的有三层羽毛，用来清理炉子的底盘或风炉。

灰：

通常是指风炉或地炉中灰床上的灰。在仪式上，灰烬应保持一种雅致的形态。

扁平的碗：

用来装散落在炉子里的灰烬。

大勺子：

用来从炉子中取出灰烬。

花瓶：

主要由陶瓷、金属或竹子制成，要么放在壁龛的地板上，要么挂在床柱上，要么悬挂在天花板上。

新年的第一场仪式：

通常在新年的第五或第六天举行的仪式。

柄勺：

木制或竹制，竹勺主要用来在茶室里从锅炉中取水，木勺则放在露地中的蹲踞上。

一期一会：

由于每次茶会都有特定的形式，因此茶会具有不可重复性。

烧水的锅炉：

通常用铁制成，有时则是用金银制成。

帽子：

下雨时，客人们戴的有宽边帽檐的扁平草帽。

水方：

用来盛放弃置茶水。

带有香气的木材：

如檀香，在仪式过程中放入火里。

方形料子：

由昂贵的材料（锦缎）织成，在仪式过程中会将珍贵的茶碗放在上面。

"进入心灵"：

主人应当全力以赴，全心全意为客人奉献，使客人身心愉悦。

客人：

在茶道仪式中，对第一位客人与最后一位客人有特殊的要求：第一位客人要与主人交谈，而最后一位客人需要帮助主人收拾用具。

茶仓：

收藏品，每一件都有自己的名字、历史和描述。

十月末的茶道：

当年的茶叶储量即将用完，天气也越来越冷，用来表达离别的伤感。

间歇：

在茶道的每个程序之间会休息10~15 分钟，客人们离开茶室，在指定的长椅上吸烟或交谈。

茶陶：

低温烧制，烧制时没有垫圈。

扇子：

袱纱是主人的标志，扇子是客人的标志。

小袋子：

由丝绸或锦缎制成，里面装有陶瓷的茶仓。

午间茶会：

茶道中最常见的茶会。

烟草架：

一个深的托盘，其中放有一个小的火盆，在休息时使用。

薄茶：

味道并不浓烈的茶。

木制移门：

应对暴风时的门，旨在保护后面的障子不受天气的影响，会在晚上装上，保证屋子的安全。

壁龛：

侧墙上的窗户。

尘穴：

位于茶室附近的露地里，里面装满了露地里的叶子。

四分之三叠席子：

专用于茶室中，用来指出主人的座位，并通过中柱和袖壁与茶室剩余的空间分隔开。

客人的入口：

与蹦口不同的是，客人可以保持直立的姿势进入。

链室：

因茶壶用铁链悬挂在天花板上而得名。

水屋：

茶室附近的服务室，用来清洗和整理茶具。

黏土壁龛：

内角覆有黏土，且被削去了棱角。

中柱：

通常在有四分之三叠的茶室中与袖壁相连。

蹦口：

客人们进入茶室的迷你入口。

折叠模型：

茶室模型，所有的表面都可以折叠成一个平面。

移门上方的遮光板：

常装饰有极具艺术性的雕刻。

炉沟：

地炉的一部分。

露地：

前往茶室的小路，是茶道的重要组成部分。

"鼓袄"：

纸一直覆盖到框架上的袄，使袄成为一个单独的白色平面。

用稻草和一根绳子做成的日式地垫：

茶室中榻榻米的标准尺寸为 90 厘米 ×180 厘米

室内花园：

内院，它的设计受到露地的影响。

– **Peter Ackermann,** »The four seasons«, in: Pamela J. Asquith / Arne Kalland (Hrsg.), *Japanese Images of Nature – Cultural Perspectives,* (Nordic Institute of Asian Studies – Man and Nature in Asia), No.1, Richmond: Curzon Press, 1997

– **Stephen Addiss,** *The Art of Zen,* New York: Harry N. Abrams, Incorporated, 1989

– **Yoshinobu Ashihara,** *The Hidden Order – Tokyo through the Twentieth Century,* New York / London / Tokio: Kodansha International, 1989

– **Pamela J. Asquith / Arne Kalland (Hrsg.),** *Japanese Images of Nature – Cultural Perspectives,* (Nordic Institute of Asian Studies – Man and Nature in Asia), No.1, Richmond: Curzon Press, 1997

– **Pamela J. Asquith / Arne Kalland (Hrsg.),** »Japanese Perception of nature – Ideals and Illusions«, in: Dies. (Hrsg.), *Japanese Images of Nature – Cultural Perspectives,* (Nordic Institute of Asian Studies – Man and Nature in Asia), No.1, Richmond: Curzon Press, 1997

– **Roland Barthes,** *Das Reich der Zeichen,* Frankfurt am Main: Suhrkamp, 1981

– **Heinrich Bechert / Richard Gombrich,** *Der Buddhismus,* München: C.H. Beck, 1984

– **Ruth Benedict,** *The Chrysanthemum and the Sword – Patterns of Japanese Culture,* Boston: Houghton Mifflin Co., 1989

– **Vito Bertin,** »Ein Teeraum«, in: *deutsche bauzeitung,* 12 / 1991

– **Werner Blaser,** *Tempel und Teehaus in Japan,* Basel / Boston / Berlin: Birkhäuser, 1988

– **Werner Blaser (Hrsg.),** *Tadao Ando. Sketches – Zeichnungen,* Basel / Boston / Berlin: Birkhäuser, 1990

– **Werner Blaser,** *Tadao Ando – Nähe des Fernen / The Nearness of the Distant,* Sulgen / Zürich: Verlag Niggli AG, 2005

– **Werner Blaser,** *Japan – Wohnen + Bauen / Dwelling Houses,* Sulgen / Zürich: Verlag Niggli AG, 2005

– **Botond Bognar,** *Contemporary Japanese Architecture,* New York: Van Nostrand Reinhold Company Inc., 1985

– **Klaus Bosslet / Sabine Schneider,** *Ästhetische Gestaltung in der japanischen Architektur,* Düsseldorf: Werner-Verlag, 1990

– **Heinz Brasch,** *Kyoto – Die Seele Japans,* Olten / Lausanne / Freiburg i. Br.: Urs Graf-Verlag, 1974

– **Martin Brauen,** *Bambus im alten Japan,* Stuttgart / Zürich: Arnoldsche Art Publishers – Völkerkundemuseum Zürich, 2003

– **David N. Buck,** *Responding to Chaos – Tradition, Technology, Society and Order in Japanese Design,* London / New York: Spon Press, 2000

– **Noel Burch,** *To the Distant Observer – Form and Meaning in the Japanese Cinema,* London: Scolar Press, 1979

– **Norman F. Carver,** *Form and Space in Japanese Architecture,* Kalamazoo: Documan Press Ltd., 1993

– **Amos Ich Tiao Chang,** *The Tao of Architecture,* Princeton University Press, 1956

– **Ching-Yu Chang,** »Japanese Spatial Conception«, in: *Japan Architect,* 1–12 / 1984

– **William H. Coaldrake,** *Architecture and Authority in Japan,* London / New York: Routledge, 1996

– **Edward Conze,** *Eine kurze Geschichte des Buddhismus,* Frankfurt am Main: Suhrkamp, 1986

– **Michael Cooper,** »The Early Europeans and Tea«, in: Paul Varley / Isao Kumakura (Hrsg.), *Tea in Japan – Essays on the History of Chanoyu,* Honolulu: University of Hawaii Press, 1994

– **Louise Allison Cort,** »The Grand Kitano Tea Gathering«, in: *Chanoyu Quaterly,* Vol. 31, Kyoto: Urasenke Foundation

– **Florian Coulmas,** *Die Kultur Japans. Tradition und Moderne,* München: C. H. Beck, 2003

– **J. C. Covell,** »Kanamori Sowa and Teigyokuken«, in: *Chanoyu Quaterly,* Vol. 17, Kyoto: Urasenke Foundation

– **Design Exchange Company (Hrsg.),** *Japanese Design – Modern Approaches to Traditional Elements,* Hamburg / Corte / Madera / Tokio: Gingko-Press, 2001

– **Tetsuo Doi,** *Amae – Freiheit in Geborgenheit,* Frankfurt am Main: Suhrkamp, 1982

– **Arthur Drexler,** *The Architecture of Japan,* New York: The Museum of Modern Art, 1956

– **Franziska Ehmcke,** *Der japanische Tee-Weg,* Köln: DuMont, 1991

– **Franziska Ehmcke / Heinz Dieter Reese (Hrsg.),** *Von Helden, Mönchen und schönen Frauen – Die Welt des japanischen Heike-Epos,* Köln / Weimar / Wien: Böhlau Verlag, 2000

– **Mircea Eliade,** *Das Heilige und*

das Profane – Vom Wesen des Religiösen, Frankfurt am Main: Insel Verlag, 1998

– **Heino Engel,** *Measure and Construction of the Japanese House,* Rutland / Tokio: Charles E. Tuttle, 1985

– **Gabriele Fahr-Becker,** *Ryokan – Zu Gast im traditionellen Japan,* Köln: Könemann, 2000

– **Jorge M. Ferreras,** »Frontal Perception in Architectural Space«, in: Koji Yagi (Hrsg.), *Process Architecture 25: Japan: Climate. Space and Concept,* Tokio: Process Architecture Publishing Co., Ltd, 1981

– **Gisela Fleig-Harbauer,** *Der japanische Garten – Wege zur modernen Gestaltung,* Herrsching: Pawlak-Verlag, 1992

– **Willi Flindt / Manfred Speidel,** »Zur Struktur des japanischen Raumes«, in: Manfred Speidel (Hrsg.), *Japanische Architektur – Geschichte und Gegen-wart,* Stuttgart: Verlag Gerd Hatje, 1978

– **Kenneth Frampton / Kisho Kudo,** *Japanese Building Practice From Ancient Times to the Meiji Period,* New York: Van Nostrand Reinhold Company Inc., 1997

– **Margarete Fujii-Zelenak,** *Strukturen in den modernen Architekturen. Pier-Luigi Nervi – Kenzo Tange,* Frankfurt am Main: Verlag für interkulturelle Kommunikation, 1992

– **Yasunoke Fukukita,** *Tea Cult of Japan,* Tokio: Board of Tourist Industry, 1937

– **Masao Furuyama,** *Tadao Ando,* Zürich: Artemis, 1993

– **Wolfram Graubner,** *Holzverbindun-* gen – *Gegenüberstellung japanischer und europäischer Lösungen,* Stuttgart: DVA, 1990

– **Kôshirô Haga,** »The Wabi Aesthetic through the Ages«, in: Paul Varley / Isao Kumakura (Hrsg.), *Tea in Japan – Essays on the History of Chanoyu,* Honolulu: University of Hawaii Press, 1994

– **Seiji Hagiwara / Yasunobu Tachikawa,** *Creators File for Living,* Vol. 2, Tokio: GAP Publication Co., Ltd., 2000

– **John W. Hall / Takeshi Toyoda (Hrsg.),** *Japan in the Muromachi Age,* Berkeley / Los Angeles: University of California Press, 1977

– **Horst Hammitzsch,** *Zen in der Kunst des Teeweges,* Bern / München / Wien: O. W. Barth Verlag, 2000

– **Masao Hayakawa,** »The Microcosmic Space Created by Sen Rikyû«, in: *Chanoyu Quaterly,* Vol. 80, Kyoto: Urasenke Foundation

– **Shino Hayashiya,** »Teabowls – Part I–IV«, in: *Chanoyu Quaterly,* Vol. 55, 56, 58, 59, Kyoto: Urasenke Foundation

– **Tatsusaburo Hayashiya / Masao Nakamura / Seizo Hayashiya,** »Japanese Arts and the Tea Ceremony«, in: *The Heibonsha Survey of Japanese Art,* Vol. 15, New York / Tokio: Weatherhill / Heibonsha, 1980

– **Christoph Heinrichsen,** *Historische Holzarchitektur in Japan – Statische Ertüchtigung und Reparatur,* Stuttgart: Konrad Theiss Verlag, 2003

– **Joy Hendry,** »Nature Tamed – Gardens as a Microcosm of Japan's View of the World«, in: Pamela J. Asquith / Arne Kalland (Hrsg.), *Japanese* *Images of Nature – Cultural Perspectives,* (Nordic Institute of Asian Studies – Man and Nature in Asia), No.1, Richmond: Curzon Press, 1997

– **Horst Hennemann,** *Chasho – Geist und Geschichte der Theorien japanischer Teekunst,* Wiesbaden: Harrasowitz, 1994

– **Wolfgang Hesselberger,** »Eine japanische Spielart von Bautradition«, in: *Baumeister,* 11 / 1984

– **Shin'ichi Hisamatsu,** *Zen and the Fine Arts,* Tokio / New York: Kodansha, 1971

– **Shin'ichi Hisamatsu,** »The Way of Tea and Buddhism«, in: *Chanoyu Quaterly,* Vol. 74, Kyoto: Urasenke Foundation

– **Kaisen Iguchi,** »Sen Sôtan and Yuin«, in: *Chanoyu Quaterly,* Vol. 13, Kyoto: Urasenke Foundation

– **Mitsue Inoue,** *Space in Japanese Architecture,* New York / Tokio: Weatherhill, 1985

– **Sojin Ishikawa,** »An Invitation to Tea«, in: *Chanoyu Quaterly,* Vol. 11–13, Kyoto: Urasenke Foundation

– **Arata Isozaki,** »Ma: Japanese Time-Space«, in: *Japan Architect,* 2 / 1979

– **Yoshiaki Ito / Masaaki Arakawa / Masashiro Karasawa / Toshiko Tsubonaka,** *Momoyama togei no katen (The flower exhibition of momoyama ceramic art),* Nagoya: NHK Nagoya hoso kyoku, NHK chubu purenzu, NHK promoshyon, 2000

– **Teiji Itoh,** »Sen Rikyû and Taian«, in: *Chanoyu Quarterly,* Vol. 15, Kyoto: Urasenke Foundation

– **Teiji Itoh,** »The Development of

Shoin-Style Architecture«, in: John. W. Hall/Takeshi Toyoda (Hrsg.), *Japan in the Muromachi Age*, Berkeley/ Los Angeles: University of California Press, 1977

– **Teiji Itoh**, *Die Gärten Japans*, Köln: DuMont, 1999

– **Tetsuo Izutsu**, *Die Theorie des Schönen in Japan – Beiträge zur klassischen japanischen Ästhetik*, Köln: DuMont, 1994

– **Kamo no Chômei**: *Aufzeichnungen aus meiner Hütte*, Frankfurt am Main/ Leipzig: Insel Verlag, 1997

– **Daniel R. Kane**, »The Epic of Tea. Tea Ceremony as the Mythological Journey of the Hero«, in: *Kyoto Journal*, Winter 1987

– **Shuichi Kato**, *Form. Style. Tradition. Reflections of Japanese Art and Society*, Tokio/New York/San Francisco: Kodansha, 1971

– **Masao Katsushiko**, *Zen Gardens*, Kyoto: Suiko, 1996

– **Mitsugu Kawakami/Masao Nakamura/Tetsuo Aiga**, *Katsurarikyu to chashitsu (katsurarikyu and tea house)*, Tokio: Shogakkan Co., Ltd., 1967

– **Marc P. Keane**, *Japanese Garden Design*, Rutland/Tokio: Charles E. Tuttle Company, 1996

– **Donald Keene (Hrsg.)**, *Anthology of Japanese Literature from the Earliest Era to the Mid-nineteenth Century*, Rutland/Tokio: Charles E. Tuttle Company, 1968

– **Yoshida Kenkô**, *Betrachtungen aus der Stille – Tsurezuregusa*, Frankfurt am Main: Insel Verlag, 1963

– **Karin Kirsch**, *Die neue Wohnung und das alte Japan*, Stuttgart: DVA, 1996

– **Brigitte Kita**, *Tee und Zen – der gleiche Weg*, München: Verlag Peter Erd, 1993

– **Harumichi Kitao**, *Interior Elevation of Tea Room*, Tokio: Mitsumura Suiko Shoin Co., Ltd., 1978

– **Leonard Koren**, *Wabi-sabi, für Künstler, Architekten und Designer*, Tübingen: Wasmuth, 2000

– **Wybe Kuitert**, *Themes, Scenes and Taste in the History of the Japanese Garden Art*, Amsterdam: J. C. Gieben Publisher, 1998

– **Isao Kumakura**, »Kan'ei Culture and Chanoyu«, in: Paul Varley/ Isao Kumakura (Hrsg.), *Tea in Japan – Essays on the History of Chanoyu*, Honolulu: University of Hawaii Press, 1994

– **Isao Kumakura**, »Sen no Rikyu. Inquiries into his Life and Tea«, in: Paul Varley/ Isao Kumakura (Hrsg.), *Tea in Japan – Essays on the History of Chanoyu*, Honolulu: University of Hawaii Press, 1994

– **Kisho Kurokawa**, »Architecture of Grays«, in: *Japan Architect*, 266/1979

– **Kisho Kurokawa**, *Rediscovering Japanese Space*, New York: Weatherhill, 1988

– **Masayuki Kurokawa**, »Disymmetrical Architecture«, in: *Japan Architect*, 280/1980

– **Joseph A. Kyburz**, »Magical thought at the interface of nature and culture«, in: Pamela J. Asquith/ Arne Kalland (Hrsg.), *Japanese Images of Nature – Cultural Perspectives*, (Nordic Institute of Asian Studies – Man and Nature in Asia), No.1, Richmond: Curzon Press, 1997

– **Lao Tze**, *Tao Te King – Das Buch vom rechten Wege und von der rechten Gesinnung*, Frankfurt am Main/Berlin: Ullstein Verlag, 1996

– **Theodore M. Ludwig**, »Chanoyu and Momoyama: Conflict and Transformation in Rikyu's Art«, in: Paul Varley/Isao Kumakura (Hrsg.), *Tea in Japan – Essays on the History of Chanoyu*, Honolulu: University of Hawaii Press, 1994

– **Fumihiko Maki**, »Japanese City Spaces and the Concept of oku«, in: *Japan Architect*, 5/1979

– **Ekkehard May**, *Shômon. Das Tor der Klause zur Bananenstaude*, Mainz: Dietrich'sche Verlagsbuchhandlung, 2000

– **Hisao Maye**, »Theorizing about the Origins of the Tokonoma«, in: *Chanoyu Quaterly*, Vol. 86, Kyoto: Urasenke Foundation

– **Michiko Meid**, »Der Prozess der Einführung der europäischen Architektur in Japan«, in: Manfred Speidel (Hrsg.), *Japanische Architektur – Geschichte und Gegenwart*, Stuttgart: Verlag Gerd Hatje, 1978

– **Kogen Mizuno**, *Basic Buddhist Concepts*, Tokio: Kôsei Publishing, 2000

– **Edward S. Morse**, *Japanese Homes and their Surroundings*, New York: Dover Publications, 1961

– **Governor Mosher**, *Kyoto – A Contemplative Guide*, Rutland/ Tokio: Charles E. Tuttle Company, 1964

– **Yasuhiko Murai**, »The Development of Chanoyu: before Rikyû«, in: Paul Varley/ Isao Kumakura (Hrsg.), *Tea in Japan – Essays on the History of Chanoyu,* Honolulu: University of Hawaii Press, 1994

– **Adolf Muschg,** *Im Sommer des Hasen,* Frankfurt am Main: Suhrkamp, 1975

– **Masao Nakamura,** Kokyo Chashit-su (The public tea house), Tokio: Ken-chiku shiryo kenkyu-sha, 1994

– **Shosei Nakamura,** »Kobori Enshu and Mittan«, in: *Chanoyu Quaterly,* Vol. 14, Kyoto: Urasenke Foundation

– **Shosei Nakamura,** »Furuta Oribe and Ennan«, in: *Chanoyu Quaterly,* Vol. 17, Kyoto: Urasenke Foundation

– **Shosei Nakamura,** »Katagiri Sekis-hu and Korin-an«, in: *Chanoyu Quater-ly,* Vol. 18, Kyoto: Urasenke Foundation

– **Shosei Nakamura,** »The Tearooms of Hosokawa Sansai«, in: *Chanoyu Quaterly,* Vol. 18, Kyoto: Urasenke Foundation

– **Shosei Nakamura,** »Oda Uraku and Joan«, in: *Chanoyu Quaterly,* Vol. 19, Kyoto: Urasenke Foundation

– **Toshinori Nakamura,** »Reconstruc-ting the Taian Tearoom«, in: *Chanoyu Quaterly,* Vol. 81, Kyoto: Urasenke Foundation

– **Kano Nakane,** *Die Struktur der japanischen Gesellschaft,* Frankfurt am Main: Suhrkamp, 1970

– **Kazuo Nishi/Kazuo Hozumi,** *What is Japanese Architecture?,* Tokio/New York/ London: Kodansha, 1983

– **Günter Nitschke,** *From Shinto to Ando,* London: Academy Editions/ Ernst und Sohn, 1993

– **Günter Nitschke,** *Japanische Gär-ten – Rechter Winkel und natürliche Form,* Köln: Taschen, 1999

– **Cees Nooteboom,** *Im Frühling der Tau,* Frankfurt am Main: Suhrkamp, 1995

– **Klaus-Josef Notz,** *Lexikon des Buddhismus,* Wiesbaden: Fourier Ver-lag, 2002

– **Ryôsuke Ôhashi,** *Kire – Das Schö-ne in Japan. Philosophisch-ästhetische Reflexionen zu Geschichte und Moder-ne,* Köln: DuMont, 1994

– **Kakuzo Okakura,** *Das Buch vom Tee,* Frankfurt am Main: Insel Verlag, 1981

– **Naomi Okawa,** »Edo Architecture: Katsura and Nikko«, in: *The Heibonsha Survey of Japanese Art,* Vol. 20, New York/ Tokio/ Weatherhill/ Heibonsha, 1975

– **Satô Osamu,** »A History of Tata-mi«, in: *Chanoyu Quaterly,* Vol. 77, Kyoto: Urasenke Foundation

– **Hirotarô Ota,** *Japanese Architec-ture and Gardens,* Tokio: Kokusai Bunka Shinkôkai, 1966

– **Robert Treat Paine/ Alexander Soper,** *Art and Architecture of Japan,* Middlesex/ New York: Penguin Books, 1981

– **Henri Plummer,** *Light in Japanese Architecture,* Tokio: a+u Publishing, 1995

– **Herbert E. Plutschow,** *Historical Chanoyu,* Tokio: The Japan Times Ltd., 1986

– **Herbert E. Plutschow,** *Rediscover-ing Rikyû and the Beginnings of the Japanese Tea Ceremony,* Folkestone: Global Oriental, 2003

– **Manfred Pohl,** *Japan,* München: C.H. Beck, 1991

– **Peter Pörtner,** »Japan und eini-ge Aspekte der Weltgeschichte des Nichts«,in: Ders. (Hrsg.), *Japan – Ein Lesebuch,* (konkursbuch 16/17), Tübin-gen: Verlag Claudia Gehrke, 1986

– **Bernard Rudofsky,** *The Kimono Mind. An Informal Guide to Japan and the Japanese,* Rutland/ Tokio: Charles E. Tuttle Company, 1983

– **A. L. Sadler,** *Cha-no-yu, The Japanese Tea Ceremony,* Rutland/ Tokio: Charles E. Tuttle Company, 1962

– **A. L. Sadler: (Hrsg.),** *The Ten Foot Square Hut and Tales of the Heike,* Rutland/ Tokio: Charles E. Tuttle Com-pany, 1972

– **Kiyosi Seike,** *The Art of Japanese Joinery,* New York/ Tokio: Weatherhill, 1977

– **Kazuo Shinohara,** *Kazuo Shinoha-ra,* Berlin: Ernst und Sohn, 1994

– **Sen Sôshitsu XV,** *Chanoyu – The Urasenke Tradition of Tea,* New York/ Tokio: Weatherhill, 1988

– **Sen Sôshitsu XV,** *Tea Life. Tea Mind,* New York/ Tokio: Weatherhill, 1997

– **Sen Sôshitsu XV,** *Chanoyu – Handbook one,* Kyoto: Urasenke Foun-dation

– **Manfred Speidel (Hrsg.),** *Japa-nische Architektur – Geschichte und Gegenwart,* Stuttgart: Verlag Gerd Hatje, 1978

– **Manfred Speidel,** »Das japanische Wohnhaus und die Natur«, in: Ders. (Hrsg.), *Japanische Architektur – Geschichte und Gegenwart,* Stuttgart: Verlag Gerd Hatje, 1978

– **David B. Stewart,** *The Making of*

a Modern Japanese Architecture, Tokio/ New York: Kodansha International, 1987

– **Daisetz T. Suzuki,** Zen and Japanese Culture, Rutland/Tokio: Charles E. Tuttle Company, 1997

– **Sen'ô Tanaka/Sendô Tanaka,** The Tea-Ceremony, Tokio/New York/London: Kodansha International, 2000

– **Jun'ichiro Tanizaki,** Lob des Schattens – Entwurf einer japanischen Ästhetik, Zürich: Manesse Verlag, 2002

– **Bruno Taut,** Das japanische Haus und sein Leben – Houses and People of Japan, Berlin: Gebr. Mann Verlag, 1997

– **Sen Tomiko,** Ima ni ikiru cha no kokoro, Cha no bi (Beauty of tea), Kyoto: Tanko-sya Co., Ltd., 1999

– **Victor Turner,** Dramas, Fields and Metaphors: Symbolic Action in Human Society, Ithaca: Cornell University Press, 1974

– **Atsushi Ueda,** The Inner Harmony of the Japanese House, Tokio/New York/ London: Kodansha, 1998

– **Paul Varley,** Japanese Culture, Honolulu: University of Hawaii Press, 1973

– **Paul Varley/Isao Kumakura (Hrsg.),** Tea in Japan, Essays on the History of Chanoyu, Honolulu: University of Hawaii Press, 1994

– **Paul Varley,** »Chanoyu: from the Genroku Epoch to Modern Times«, in: Paul Varley/Isao Kumakura (Hrsg.), Tea in Japan – Essays on the History of Chanoyu, Honolulu: University of Hawaii Press, 1994

– **Vitra Design Museum/Foundation Zeri/C.i.r.e.c.a (Hrsg.),** Grow Your Own House – Simón Vélez und die Bambusarchitektur, Weil am Rhein: Eigenpublikation des Vitra Design Museums, 2000

– **Robin Noel Walker,** Shoko-ken. A Late Medievial daime sukiya Style Japanese Tea-house, New York / London: Routledge, 2002

– **Koji Yagi (Hrsg.),** Process Architecture 25: Japan: Climate, Space and Concept, Tokio: Process Architecture Publishing Co., Ltd., 1981

– **Masao Yanagi,** Proportion in der Architektur – dargestellt in der Gegenüberstellung der Villa Barbaro (Palladio) und des Chashitsu Taian (Rikyû), Dissertation, Universität Stuttgart, 1986

– **Soetsu Yanagi,** The Unknown Craftsman – A Japanese Insight into Beauty, Tokio/New York/London: Kodansha International, 1972

– **Asano Yasuhiro (Hrsg.),** The Tea Garden – Kyotos Culture Enclosed, Kyoto: Mitsumura Suiko Shoin Co., Ltd., 1992

– **Tatsuhiko Yoshida,** kyabuki chashitsu (Thatched tea house), Kyoto: Gakugei shuppan-sha Co., Ltd., 1995

– **Hiroko Yoshino,** »The I-Ching and Chanoyu«, in: Chanoyu Quaterly, Vol. 65, Kyoto: Urasenke Foundation

– **Lu Yu,** Cha Ching – Das klassische Buch vom Tee, Graz: edition aktuell im Verlag Styria, 2002

– **Klaus Zwerger,** »Verstecken und zur Neugier zwingen – japanische Verbindungen als Rätselspiel«, in: Detail, Juli 1994

– **Klaus Zwerger,** Das Holz und seine Verbindungen – Bautechniken in Europa und Japan, Basel/Berlin/Boston: Birkhäuser, 1997

KATALOGE UND BROSCHÜREN

– **Chado,** Cha no yu meiwan (The tea bowl name of Cha no yu), Kyoto: Shiryokan chado, 1999

– Ginkaku-ji, Broschüre des Tempels

– **Fushin'an Foundation (Hrsg.),** Japanese Tea Culture – The Omotesenke Tradition, Kyoto: Fushin'an Foundation, 2002

– Katsura Rikyû Imperial Villa, Broschüre

– Nijo Castle, Broschüre

– **Masakazu Izumi/Junji Ito/Ikko Tanaka,** SABIE – Zen, The Way of Tea; a fresh perspective, Ausstellungskatalog, Kyoto: Tanko-sha, Co., Ltd., 1993

– The History and Aesthetics of Tea in Japan, Ausstellungskatalog, Kyoto National Museum, 2002

– **Urasenke Foundation (Hrsg.):** The Urasenke Tradition of Tea, Kyoto, 2001

我要向以下在我写作时为我提供建议、信息和图像资料的人士和机构表示衷心的感谢。没有他们也就没有这本书的问世：

加里·卡德瓦拉德，马里恩·埃尔默，罗尔夫·格贝尔，克斯汀·戈代克，乌尔里希·哈斯，堀之内邦彦，廷斯·哈瓦斯，川井由岐，川井哲生，小西奈月，贝蒂娜·朗讷－泰拉莫托，尼格利出版社，冈特·尼兹克，大堀玉城，表千家基金会，大阪城天守阁，玛蒂娜·莱斯，斋藤直美，内田繁，里千家基金会，山田纯子。